# CADERNO DE PRÁTICA DE ENSINO DE ÁLGEBRA

Ruth Ribas Itacarambi
Coordenação

Professores - Autores
Margareth Yahagi
Maria Lúcia Pedrosa
Mariza Satomo Harada Kitamura
Rita Therezinha de Miranda Furquim
Simone Moraes Rodrigues

# CADERNO DE PRÁTICA DE ENSINO DE ÁLGEBRA

**GCIEM**
GRUPO COLABORATIVO DE INVESTIGAÇÃO EM EDUCAÇÃO MATEMÁTICA

2024

1ª Edição

**Direção editorial**: Victor Pereira Marinho e José Roberto Marinho

**Projeto gráfico e diagramação**: Fabrício Ribeiro

Edição revisada segundo o Novo Acordo Ortográfico da Língua Portuguesa

Dados Internacionais de Catalogação na publicação (CIP)
(Câmara Brasileira do Livro, SP, Brasil)

Caderno de prática de ensino de álgebra / Margareth Yahagi...[et al.];
coordenação Ruth Ribas Itacarambi. – São Paulo: Livraria da Física, 2023.

Outros autores: Maria Lúcia Pedrosa, Mariza Satomo Harada Kitamura,
Rita Therezinha de Miranda Furquim, Simone Moraes Rodrigues.
ISBN 978-65-5563-389-4

1. Etnomatemática 2. Matemática - Estudo e ensino (Ensino fundamental) 3. Pedagogia - Metodologia 4. Professores de matemática - Formação I. Yahagi, Margareth. II. Pedrosa, Maria Lúcia. III. Kitamura, Mariza Satomo Harada. IV. Furquim, Rita Therezinha de Miranda. V. Rodrigues, Simone Moraes. VI. Itacarambi, Ruth Ribas.

23-177460 CDD-370.71

Índices para catálogo sistemático:
1. Professores de matemática: Formação: Educação 370.71

Eliane de Freitas Leite - Bibliotecária - CRB 8/8415

Editora Livraria da Física
www.livrariadafisica.com.br
(11) 3815-8688 | Loja do Instituto de Física da USP
(11) 3936-3413 | Editora

**Agradecimentos**

Dedicamos este livro aos professores do Ensino Básico, em particular, aos professores que participaram das oficinas que ministramos no CAEM, IME-USP, nos anos de 2018 e 2019.

Deixamos sinceros agradecimentos às pessoas que contribuíram com as atividades quer como professores aplicando-as em sala de aula, quer como alunos resolvendo e fazendo comentários.

Andrea Pires Magnarelli
Antônio Alexandre Ap. da Silva
Edinéia Maria Caretti
Flavia Amatti Paukoski
Katia Kurianski Freitas Santos
Leila Saffi Koch Takahashi
Maira Fernandes Pinto
Maria José da Silva Medeiros
Maria Tomie Shirahige Sato
Simone Capetta
Vânia Aparecida Medina Santos
Viviane Yuki Ohashi de Paula

Dedicamos também a nossos familiares e amigos que nos apoiaram.

# SUMÁRIO

**CAPÍTULO 3**



**CAPÍTULO 4**

**CAPÍTULO 5**

# Apresentação

Existe um consenso entre os educadores de que é preciso mudar as práticas na sala de aula de matemática, não só na escola básica, mas, também, nos cursos de formação inicial. Com esta preocupação temos analisado várias propostas de mudança, entre elas, citamos aquelas que trazem as tecnologias recentes para a sala de aula, com os meios móveis: notebooks, tablets, celulares, entre outros. Por outro lado, a questão da contextualização dos conteúdos tem ficado cada vez mais emergente a partir da modelagem e/ou resolução de problemas, da apresentação da matemática como um bem cultural (D´AMBROSIO, 2011)[1] e na discussão da matemática crítica (SKOVSMOSE, 2006)[2]

Esses estudos estão presentes nos trabalhos produzidos nos cursos de pós-graduação em Educação Matemática e divulgados por meio dos diferentes seminários e congressos regionais, nacionais e internacionais. Observamos, em nosso trabalho de formação continuada que as práticas pedagógicas esbarram nas dificuldades que os professores enfrentam em trabalhar de forma muito diferente do que foram preparados quer na sua formação inicial quer em sua experiência como alunos do ensino básico, isso gera um círculo de produção do conhecimento de forma tradicional que começa com a apresentação do conteúdo pelo professor, modelos e regras seguido por uma lista de exercícios de fixação.

Nos cadernos de prática de ensino discutimos algumas dessas dificuldades e apresentamos a possibilidade de trabalhar com uma diversidade de propostas como: modelagem, história da matemática, projetos, ETNOMATEMÁTICA e a presença sempre constante da investigação e nela a resolução de problemas e jogos na sala de aula, a partir da reflexão da nossa prática como educadores e a organização do trabalho em projetos de investigação como procedimentos pedagógicos para a sala de aula.

---

1 D'AMBROSIO, U. ETNOMATEMÁTICA: elo entre as tradições e a modernidade. Belo Horizonte: Autêntica, 2011.

2 SKOVSMOSE, OLE. Educação Matemática Crítica: A questão da democracia. 3ª ed. Campinas: Papirus, 2006 (Coleção Perspectivas em Educação Matemática), 160 p.

Ao organizar os cadernos tivemos a preocupação de relacionar as atividades com as propostas das orientações curriculares, como dos Parâmetros Curriculares Nacionais (PCN, 998)[3] e da Base Nacional Curricular Comum (BNCC,2017)[4]. Explicando, a Base Nacional Comum Curricular (BNCC) é um documento de caráter normativo que define o conjunto orgânico e progressivo de aprendizagens essenciais que todos os alunos devem desenvolver ao longo das etapas e modalidades da Educação Básica. Segue a LDB que estabelece que o sistema nacional de educação terá como um de seus fins" a formação de cidadãos capazes de compreender criticamente a realidade social"

Os cadernos surgiram como uma necessidade de se ter material interativo para as aulas de prática de ensino e foram elaborados a partir do levantamento de temas considerados obstáculos epistemológicos na construção dos conceitos de Matemática. As atividades foram propostas nas aulas de prática e oficinas de formação de professores, cuja a orientação está no item: conversa com o professor e foram aplicadas nas salas de aula do Ensino Fundamental da rede pública e privada, como o leitor pode observar nos itens: comentário do professor, comentário de alunos e solução de alunos.

O caderno de Álgebra traz uma reflexão para nós professores sobre **pensamento e linguagem algébrica**. A relação entre pensamento e linguagem (palavras), para Vygotsky (1987, p.103)[5] é um processo vivo: o pensamento nasce através das palavras. Uma palavra desprovida de pensamento é uma coisa morta, e um pensamento não expresso por palavras permanece uma sombra. A relação entre eles não é, no entanto, algo já formado e constante, surge ao longo do desenvolvimento e se modifica.

Nessa perspectiva, algumas dimensões do trabalho com a álgebra estão presentes nos processos de ensino e de aprendizagem, desde os anos iniciais, como as ideias de regularidade, de generalização e de equivalência. Essas ideias são alicerces de outras dimensões do pensamento algébrico, com a resolução de problemas de estrutura algébrica e a noção intuitiva de função.

---

3 PCN- Parâmetros curriculares nacionais: Matemática / Secretaria de Educação Fundamental. Brasília: MEC / SEF, 1998.

4 BNCC – Base Nacional Comum Curricular disponível em http://www.observatoriodoensinomedio.ufpr.br/disponibilizada-a-terceira-versao-da-base-nacional-comum-curricular-pelo-mec/ 2017. Acesso 09/2018.

5 Vygotsky, L. S. Pensamento e Linguagem. São Paulo: Martins Fontes, 1987 p. 103-107

O caderno de Álgebra trata dos seguintes temas: **padrões** e **regularidades** que começa pela organização e pela ordenação de elementos que tenham atributos comuns, articulando os com a linguagem natural. Na relação com a linguagem geométrica explora os atributos dos objetos e na linguagem numérica o trabalho com sequencias em busca da **generalização.** A noção de **equivalência,** essencial para o desenvolvimento do pensamento algébrico, tem seu início com atividades simples, envolvendo a **igualdade de sentenças,** a determinação de um elemento desconhecido, incógnita e variável, em uma igualdade e em atividades que podem ser exploradas por meio de perguntas. As noções intuitivas de **função** são exploradas desde o início a partir de tabelas, razões ou frações, já a partir do quinto ano, por meio da ideia de **variação proporcional** direta entre duas grandezas.

Os autores – GCIEM
gciemusp@gmail.com

CAPÍTULO 1

# REVISITANDO A TEORIA

Os conteúdos de aprendizagem de Matemática estão organizados na visão de Coll (1986)[6] em três grupos: conceituais, procedimentais e atitudinais, entendendo por conceituais os conteúdos relacionados ao "saber", conteúdos procedimentais em "saber fazer" e conteúdos atitudinais o "ser", visando a aprendizagem significativa. A construção de significados dos conteúdos, na perspectiva piagetiana, se refere cada vez que somos capazes de estabelecer relações entre o que aprendemos e o que já conhecemos.

Os conteúdos procedimentais na prática de ensino de Matemática objetivam dotar os alunos de habilidades para interpretar e agir sobre aspectos do meio ambiente e potencializar a atividade mental[7].

A configuração do Organizador Curricular do Currículo Paulista[8], para Matemática, contempla as unidades temáticas, as habilidades, os objetos de conhecimento para cada ano do Ensino Fundamental. As habilidades referentes aos objetos do conhecimento que ora apresentam os conceitos ora os procedimentos, serão apresentados em nossa proposta a partir de atividades que podem se repetir diante da necessidade de identificar ou desenvolver as ideias que estão apresentadas na habilidade e estabelecer relações com conhecimentos já consolidados.

## PRIMEIRO E SEGUNDO ANOS DO ENSINO FUNDAMENTAL

Os objetos do conhecimento: conceitos ou procedimentos esperados para os 1º e 2º anos são apresentados nesse texto relacionados, pois consideramos que são ideias iniciais do letramento algébrico.

---

6 COLL, S. C. *Aprendizagem escolar e construção do conhecimento*. Porto Alegre: Artes médicas, 1994.

7 ZABALA, A. *Como trabalhar os conteúdos procedimentais em sala de aula*. Porto Alegre: Artes Médicas, 1999.

8 https://efape.educacao.sp.gov.br/curriculopaulista/ acesso fevereiro 2020

**Para o 1º ano**

Padrões figurais e numéricos: investigação de regularidades ou padrões em sequências. Sequências recursivas: observação de regras utilizadas em seriações numéricas.

**Para o 2º ano**

Construção de sequências repetitivas e de sequências recursivas. Identificação de regularidade de sequências e determinação de elementos ausentes na sequência.

**Habilidade a ser desenvolvida**[9]**:** organizar e ordenar situações ou figuras, para desenvolver a noção de sequência.

Atividade 1. Criar situações para organizar e ordenar situações do cotidiano, visando construir a noção de sequência.
Atividade 1.1. Noção de ordenação numa situação de dramatização com os alunos.
Material: papel e lápis

**Orientação**

O professor pede para os alunos observarem como estão sentados na sala de aula, conversando como eles escolheram seus lugares. Após esta conversa pede para o primeiro da fila à direita (apontando) se levantar, o seguinte continuar sentado e o outro se levantar e assim por diante. Conversa com as crianças sobre esta nova organização. Pede para elas identificarem oralmente a diferença entre as duas situações. Com as falas dos alunos apresenta a noção de ordenar, ou seja, na primeira os alunos estão organizados na sala de aula sem uma ordem pré-determinada e na segunda com uma organização que tem uma ordem: em pé e sentado que se repete.

Como continuidade da atividade sugerimos que o professor escolha cinco alunos de alturas diferentes. Pergunte quem é o mais alto e quem é o mais baixo e organize os em ordem de tamanho, do mais baixo para o mais alto ou vice-versa. Pergunte o que eles observaram na fila formada e se é possível estabelecer qual a próxima criança que poderia entrar na fila. Retome a noção de ordem e a existência de uma regra, mostre que os alunos estão em sequência.

9 BNCC – Base Nacional Comum Curricular, 2017 (EF01MA09)

O professor pode pedir para os alunos inventarem outras disposições como: dois sentados, um em pé e, assim por diante. Em outra situação colocar uma menina entre dois meninos, dois meninos entre duas meninas, assim por diante dependendo do número de meninas e meninos da classe. Comenta que a ordem em que as situações foram organizadas estabelece o que denominamos de uma **sequência.**

Atividade 1.2. Noção de sequência e termo com objetos que produzem sons e figuras destes objetos.

Material: latas de diferentes tamanhos, apitos, pandeiros, chocalhos ou outros objetos que podem produzir sons e figuras representando estes objetos.

Por exemplo:

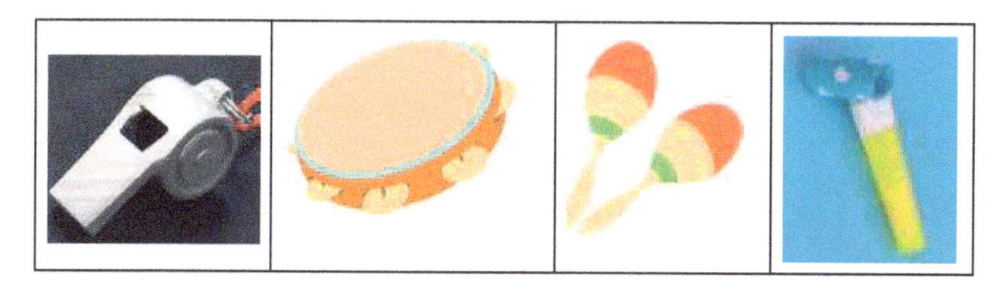

**Orientação**

O professor organiza os alunos em três ou mais grupos com os objetos, cada grupo com o mesmo objeto por exemplo um só apitos ou só chocalhos ou pandeiros e outros dependendo da disponibilidade dos objetos na sala de aula. Após a organização dos grupos e pede que cada grupo na sua vez toque o seu instrumento. Em seguida, pede aos alunos que verbalizem a ordem em que foi tocado o instrumento de cada grupo. O professor retoma a noção de sequência ressaltando quem foi o primeiro depois o segundo e o terceiro. Pede para os alunos colarem em seus cadernos as figuras, correspondentes aos objetos, seguindo a ordem em que foram tocadas, com as colagens identifica o que é **termo na sequência**: primeiro termo, segundo termo e assim por diante. E, explora a altura dos sons: alto ou baixo. Nesse momento o professor apenas utiliza a palavra termo para se referir a ordem em que foi tocado o instrumento.

Atividade 1.3. Noção de sequência em uma história ou quadrinho

Material: Uma história em quadrinhos sobre um tema do contexto da sala de aula, figuras relacionadas ao tema, tesoura, papel, cola e lápis.

**Orientação**

Escolhemos uma história em quadrinhos sobre a necessidade de se cuidar do meio ambiente. O professor conta a história e conversa com os alunos como a história começa, sua sequência e como termina. Após esta conversa distribui a folha com os quadrinhos referentes à história, mas fora de ordem, pede que os alunos em duplas recortem e colem em seus cadernos lembrando a ordem em que ela foi contada.

Veja a sugestão abaixo:

**Ilustração**[10]

O professor analisa as colagens dos alunos, conversa sobre a regra que utilizaram para fazer a colagem e se temos uma sequência. Lembrar que a regra é a ordem em que a história foi contada e os quadrinhos em ordem são os termos da sequência. O professor pode ler uma história de quadrinhos de revistas infantis, utilizamos essa por questões de direitos autorais.

10 Ilustração Cássia Ribas, arte adaptada do site freepik.

**Comentário para o professor**

Sugerimos que após as atividades com os instrumentos musicais e a leitura da história sobre o meio ambiente que o professor traga a música popular: "A velha a fiar". A cantiga é o pano de fundo da história que evidencia a relação do homem com o meio ambiente e o ciclo da vida no qual estamos incluídos, disponível no Youtube : https://youtu.be/3W7_u8zGBWM

Na internet o professor vai encontrar várias atividades para serem desenvolvidas com a letra e com a música, aqui propomos que enfatize a sequência das palavras e o ritmo.

**Habilidade a ser desenvolvida**[11]: descrever, após o reconhecimento um padrão ou regularidade

Atividade 1. Reconhecer padrão e regularidade em situações do cotidiano
Material: fotos de calçadas do centro de São Paulo, de Copacabana do Rio de Janeiro ou uma calçada portuguesa.

**Orientação**

O professor distribui as fotos para os alunos organizados em dupla, conversa com eles sobre as fotos informando onde podem ser encontradas e pede para identificarem o desenho que se repete em cada uma, contornando com o lápis.

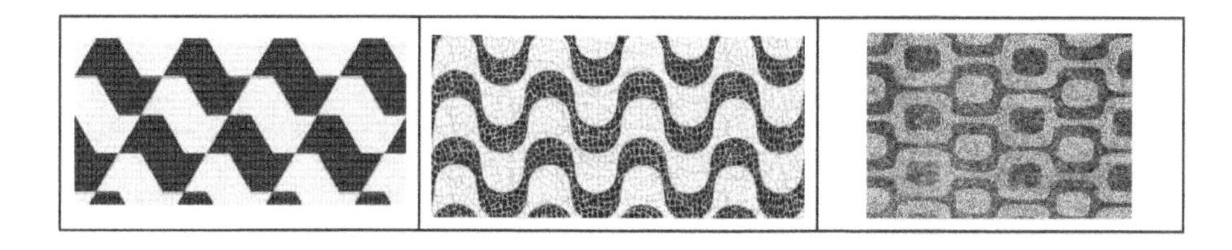

11 BNCC – Base Nacional Comum Curricular, 2017 (EF01MA10)

**Comentário para o professor**

A primeira foto é encontrada em algumas calçadas do centro de São Paulo, a figura que se repete é o mapa estilizado de São Paulo. A segunda é o registro do calçadão de Copacabana no Rio de Janeiro, a figura que se repete é uma onda estilizada. A terceira uma calçada de Lisboa, a figura que se repete são as formas arredondadas.

**Explicando**

A palavra padrão se refere a um modo ou método estabelecido.

Regularidade é tudo aquilo que se apresenta em ordem periódica, ou seja, que tem uma sucessão regular.

Atividade 2. Criar um padrão e recobrir uma superfície.

Material: papel quadriculado, cola e figuras recortadas em cartolina

**Orientação**

O professor distribui o papel quadriculado, as figuras e pede que os alunos em duplas criem desenhos (padrões) no papel com as figuras, preenchendo uma parte do papel como uma calçada ou uma parede ladrilhada. O professor apresenta para classe os diferentes preenchimentos discutindo o padrão em cada caso e se foi criada uma sequência. Atenção, alguns alunos podem preencher de forma aleatória conversar sobre isto.

**Habilidade a ser desenvolvida**[12]**:** reconhecer sequências identificando o padrão e a regularidade.

---

12 BNCC – Base Nacional Comum Curricular, 2017 (EF01MA10, EF02MA09)

Atividade 1. Com diferentes materiais escolher um padrão e criar uma sequência.

Material: tampinhas ou miçangas ou palitos ou material dourado

**Orientação**

O professor apresenta o material e pede aos alunos, que em duplas coloquem em uma ordem, ou seja, criem sequências escolhendo um padrão. Em seguida discute os trabalhos com eles.

Veja algumas representações dos alunos:

Com as tampinhas

| Figuras | Sequências |
|---|---|
| 1 |  |
| 2 |  |
| 3 | 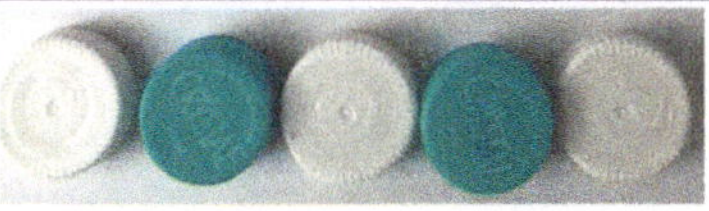 |

**Explicando as sequências**

Colocar uma tampinha após a outra seguindo uma ordem, pode ser sem regra ou com a escolha de uma regra (padrão), por exemplo: tamanho ou cor, estamos criando sequências.

Na figura 1 temos uma sequência sem regra definida, na figura 2 a regra é o tamanho da tampinha que se repte, na figura 3 as cores que se repetem. Estas são sequências repetitivas.

A sequência é repetitiva quando o padrão é sempre o mesmo.

Com as miçangas os alunos criaram pulseirinhas

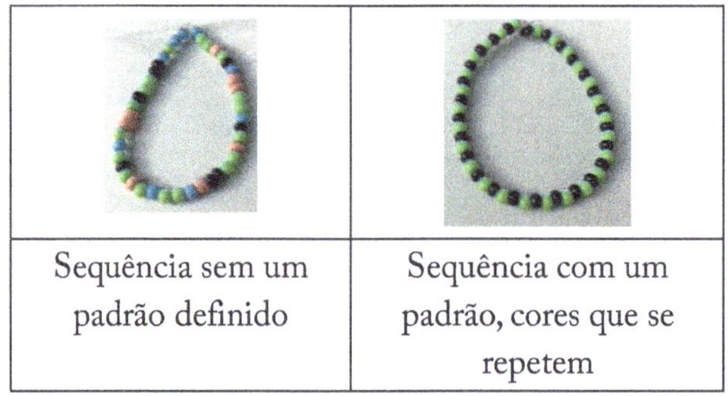

| | |
|---|---|
| Sequência sem um padrão definido | Sequência com um padrão, cores que se repetem |

Atividade 2. Organizar e ordenar objetos ou figuras, numa sequência e identificar o padrão ou a regularidade
Material: palitos de fósforos já queimados, papel sulfite, cola

**Orientação**

Organizar a classe em duplas, distribuir os palitos, folhas sulfite e cola para cada dupla. Desenhar no quadro a representação a seguir, dando a orientação para a atividade oralmente, pois as crianças estão sendo alfabetizadas:

Orientação para os alunos: observe o desenho no quadro, cole os palitos no seu papel seguindo o modelo e continue a sequência discutindo com seu colega o que vem depois e justifique.

Em seguida o professor faz a síntese na sala de aula pede para uma dupla desenhar no quadro pelo menos dois termos seguintes.

Apresentar o próximo desenho no quadro e pede para que cada dupla siga a mesma orientação do primeiro.

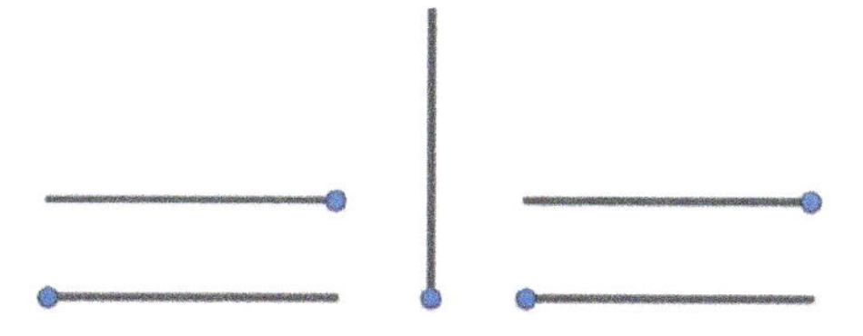

Em seguida fazer a síntese na sala de aula pede para uma dupla desenhar no quadro pelo menos dois termos seguintes.

Apresentar o próximo desenho no quadro e pedir para que cada dupla siga a mesma orientação do primeiro.

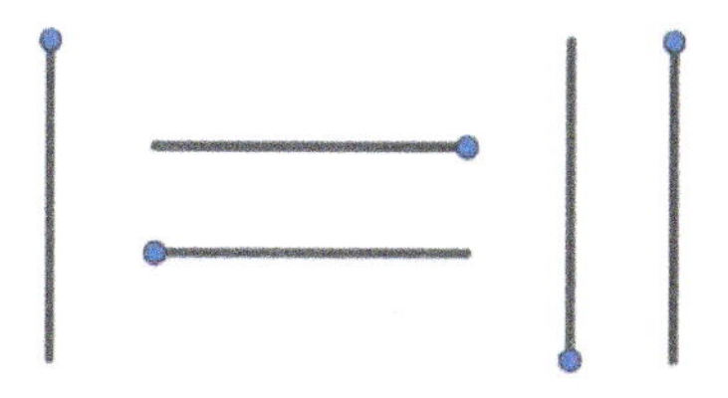

Após essas representações de sequências, discutir em cada caso o que se repete, qual o primeiro termo, o segundo e o seguinte. Apresentar o desenho que se repete como um padrão e a sua continuidade como regularidade.

Atividade 3. Identificar o padrão nas sequências repetitivas de figuras.
Material: figuras de situações do cotidiano.

### Orientação

O professor pode distribuir algumas figuras para os alunos em duplas e pedir para eles contornarem o padrão em cada figura, observando que o padrão é repetitivo. Outra possibilidade é pedir para eles trazerem de casa figuras que tenham sequências com padrão repetitivo e apresentar as figuras, para a classe. O objetivo é que os alunos observem as situações do cotidiano e identifiquem sequências com padrões repetitivos.

Por exemplo:

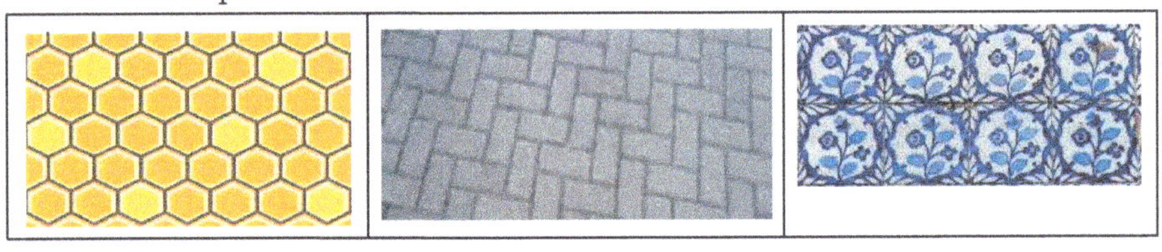

**Habilidade a ser desenvolvida**[13]: descrever o padrão (ou regularidade) de sequências recursivas, por meio de palavras, símbolos ou desenhos.

Atividade 1. Identificar sequências recursivas e descrever o padrão.
Material: folha com as figuras a seguir.

### Orientação

O professor apresenta várias sequências e pede para os alunos observarem e responderem as perguntas.

As sequências têm um padrão?

Qual é o padrão?

As sequências são repetitivas?

Descreva com palavras o que acontece em cada termo.

#### Sequência 1

13 BNCC – Base Nacional Comum Curricular, 2017 (EF02MA10)

**Sequência 2**

**Sequência 3**

O professor discute com os alunos se as sequências são repetitivas ou não e em seguida introduz a noção de **sequência recursiva**, para esta discussão escolhemos uma atividade feita em sala de aula pelos alunos utilizando tampinhas e miçangas, veja a seguir.

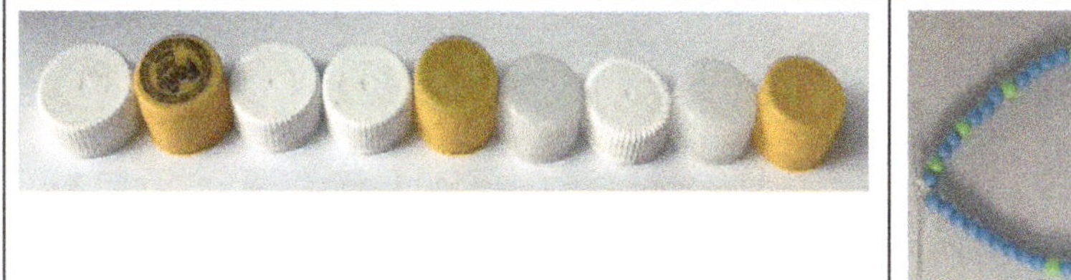

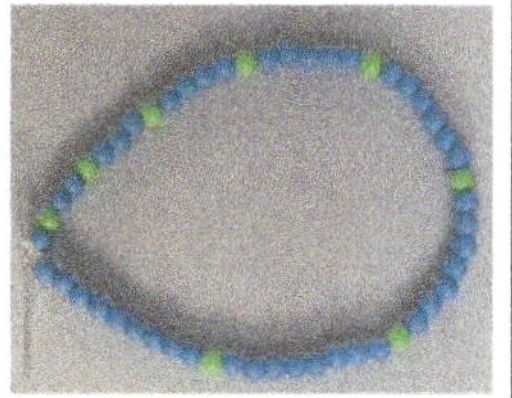

**Explicando**

A sequência de tampinhas é recursiva pois o padrão é acrescentar uma branca a mais após uma amarela: B A, BBA, BBBA......

A sequência na pulseira é recursiva pois o padrão é acrescentar uma azul a mais após uma verde: AV, AAV, AAA, V........

Atividade 2. Criar sequências repetitivas e recursivas a partir do padrão de seu calçado

Material: os tênis dos alunos ou outro calçado que tenha marcas na sola.

**Orientação**

Pedir para que os alunos observem a sola de seus tênis e marquem esta representação em um papel, para facilitar, sugerimos que no pátio pisem numa superfície que pode ser a areia, terra mole ou mesmo na sala num papel com tinta. Eles podem fazer uma sequência de passos, um ao lado do outro, e o professor enfatiza que a ação foi repetitiva, assim temos uma sequência repetitiva, mas eles podem criar outras sequência utilizando um recurso, por exemplo mudar o sentido ou a direção.

| Marca inicial | Sequência repetitiva |
|---|---|
| | ............... |

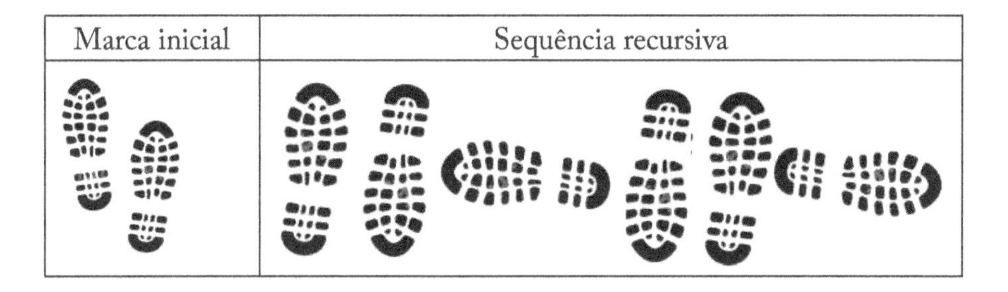


Atividade 3. Criar faixas decorativas com figuras organizadas em sequência repetitiva ou recursivas.
Material: papel quadriculado grande com uma faixa, figuras próprias para o universo infantil e lápis.

**Orientação**

O professor distribui para os alunos a folha quadriculada, organiza as duplas, em seguida disponibiliza figuras em uma caixa e pede para os alunos escolherem a figura que querem desenhar em suas faixas. As figuras devem ser simples e recortadas em papel duro para que os alunos dessa faixa etária consigam contornar. Cada aluno da dupla pode escolher uma figura diferente e contornar no seu papel, mas é importante que converse com o seu par sobre seu desenho. Após a criação da faixa os alunos podem pintar ou mesmo criar seus próprios desenhos.

Exemplo de figuras:

Por exemplo, observe as faixas abaixo

**Faixa 1**

**Faixa 2**

**Comentário para o professor**

Tomamos como exemplos as faixas 1 e 2, como uma das possibilidades, e sugerimos que o professor converse com os alunos mostrando que na faixa 1 a figura sempre se repete na mesma posição, que corresponde a uma sequência repetitiva, e na faixa 2 a figura ora está de cabeça para cima, no primeiro termo, ora para baixo , no segundo termo, ora para direita ora para a esquerda temos, assim uma sequência recursiva nos limites desta faixa.

**Habilidade a ser desenvolvida**[14]: organizar e ordenar objetos familiares ou representações por figuras, por meio de atributos, tais como cor, forma e tamanho.

Atividade 1. Organizar sequências com material CUISENAIRE, por meio de um atributo, tamanho e cor

Pré-requisito para esta atividade

- Compreender e utilizar a operação de adição de números naturais.
- Fazer composição e decomposição de números naturais até 20.

## COM MATERIAL CUISENAIRE

### Explicando

O material CUISENAIRE ou "barrinhas coloridas" é constituído de pequenas barras de madeira cujo comprimento varia de 1cm a 10 cm e para cada comprimento há uma cor. As cores devem ser respeitadas, pois a cada cor é associada um número. O princípio é estabelecer uma correspondência entre cor e o número.

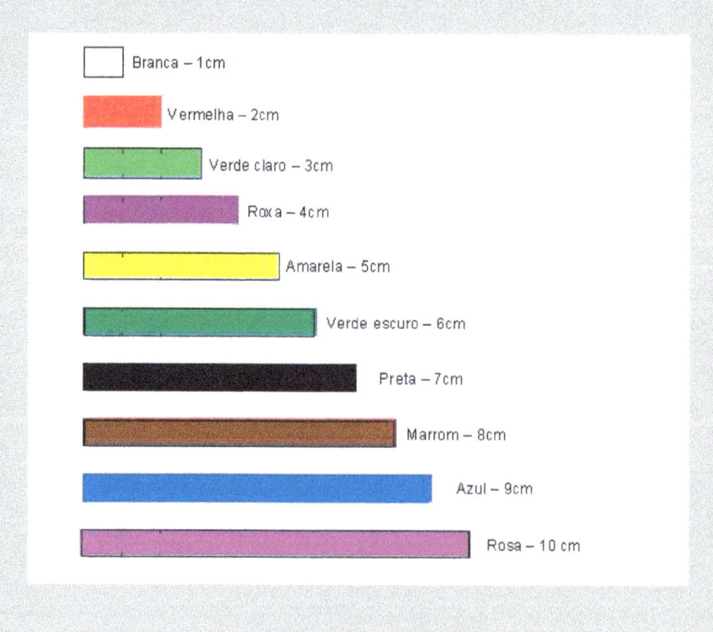


14 BNCC – Base Nacional Comum Curricular, 2017 (EF01MA09)

Antes de começar as atividades propomos que as crianças brinquem com o material para se familiarizarem com as peças.

Veja as fotos a seguir dos alunos, da Professora Andrea[15], experimentando o material, observe que este que a professora possui em sua sala de aula tem cores diferentes do apresentado no item explicado.

Atividade 2. Com o material criar uma sequência de ordem das peças da menor para a maior e depois da peça maior para a menor.

**Orientação.**

Distribuir o material para os alunos, formar duplas e pedir para fazerem uma sequência começando com as peças menores para as maiores e depois da maior para a menor.

Veja a foto da atividade desenvolvida pelos alunos da Profa. Andrea.

15 MAGNANELLI, A. P. *Atividade do Portifólio do curso de atualização*: Prática de Ensino de Álgebra. CAEM, 2019.

Uma dessas sequências é colocar as barras de modo que formem uma escada, estabelecendo a relação de ordem. Quando a variação for de uma unidade, uma da outra, podemos trabalhar a ideia de antecessor e sucessor.

Em seguida propomos que os alunos verifiquem se essas disposições correspondem a uma sequência e explorem a noção de termo anterior e sucessor.

Outras questões que podem ser exploradas observando a sequência da foto:

- Qual a barra que está entre a preta e a amarela?
- Quantas barras são maiores que a lilás e menores que a laranja?
- Que barras estão ao lado da barra vermelha?
- Quantas barras brancas são necessárias para formar uma barra do mesmo tamanho que a verde-clara?

**Comentário para o professor**

O material permite trabalhar diferentes conteúdos e, entre eles, as noções que estão presentes nas situações problemas que envolvem a composição aditiva. Os alunos já fazem contagens até 10 e a partir do material começam a estabelecer relações entre as cores e os valores numéricos, o professor pode assim introduzir a noção de 10 como uma dezena.

O professor observa que entre as peças se pode estabelecer uma relação de proporção, por exemplo, a peça laranja é maior que a vermelha e precisa de 5 vermelhas para completar a laranja. Propomos explorar outras situações mostrando a relação de proporção de forma intuitiva.

**Habilidade a ser desenvolvida**[16]: descrever um padrão (ou regularidade) de sequências repetitivas e de sequências recursivas, por meio de palavras, símbolos ou desenhos.

Atividade 1. Dada uma sequência com o material CUISENAIRE reconhecer o padrão e identificar se é repetitiva ou recursiva

**Orientação**

O professor distribui o material para os alunos em duplas e pede para que façam uma fileira de modo que tenha três peças de cores diferentes e continuem a representação algumas vezes. Retoma com os alunos a noção de sequência cujo padrão é as três cores que se repetem, então tem uma sequência repetitiva.

Esta atividade foi aplicada em sala de aula pela professora Andrea com a seguinte orientação.

A sequência inicial é colada na lousa fazendo uso das barras: vermelha - roxa - verde escura - vermelha - roxa. Em seguida, as crianças deviam ir até a caixa das peças da escala, reconhecer a próxima cor, colocar a fita crepe e continuar a sequência. Nesse momento, o padrão era apenas as cores, sem relação

16 BNCC – Base Nacional Comum Curricular, 2017 (EF02MA10)

com o valor das barras. O professor chama a atenção das crianças que o padrão sempre se repete, então temos uma sequência repetitiva. Veja a foto abaixo:

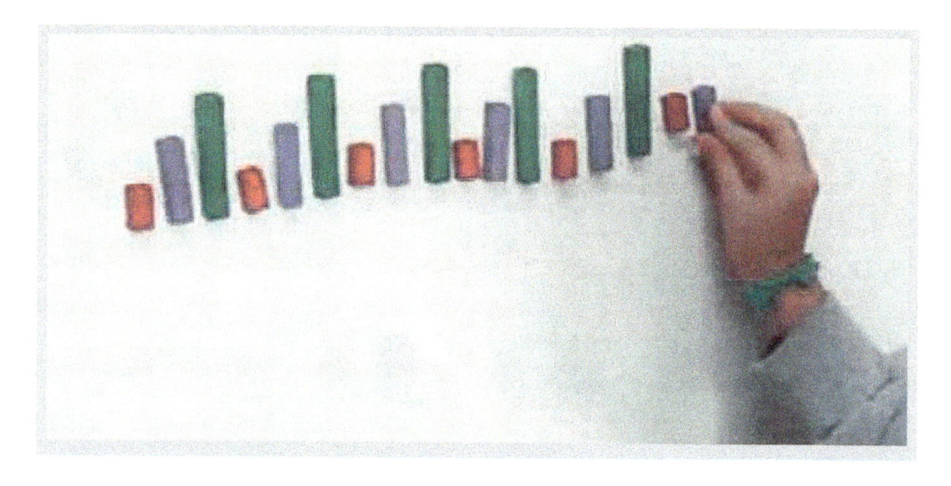

Atividade 2. Completar a sequência colada na lousa, reconhecer o padrão e identificar se é repetitiva ou recursiva.

A atividade adaptada pela Professora, Andrea com a seguinte orientação

**Orientação**

A atividade consistia em continuar uma sequência colocada na lousa, no entanto essa sequência não poderia ser continuada mais com as peças da escala, pois a escala vai até o dez e cores escolhidas representavam os números pares de forma crescente.

*Comentários da professora*

*As crianças pensaram e discutiram entre si como continuar. A primeira criança escreveu o número 1 1, porém o grupo falou que não era – sem saber como explicar o motivo. A segunda registrou o número 2. Questionei sua escolha e a resposta foi: "a primeira barra é vermelha, que é igual ao número 2". Respondi que a sequência continuava e não se repetia. Outra criança compreendeu o padrão e foi até a lousa registrar o número 12. Aos poucos, todos foram entendendo e fizeram seus registros na lousa. Para finalizar, perguntei qual era o padrão e responderam: vai de dois em dois, pula um e depois conta e são os números pares.*

Veja a seguir a atividade dos alunos:

## Comentários da professora

*A partir do trabalho com a escala CUISENAIRE, alunos do 2° ano do Ensino Fundamental puderam entrar em contato com padrões e regularidades numéricas, realizar cálculo mental para encontrar diferentes jeitos de formar uma dezena, decompor a dezena em fatos básicos da adição, reproduzir padrões figurais e numéricos. A proposta para o próximo semestre é utilizar a escala para a realização de outras operações matemáticas (subtração e multiplicação), descrever e completar elementos ausentes em sequências recursivas (peças da escala, números naturais e polígonos), construir sequências recursivas para que colegas encontrem o padrão estabelecido.*

**Habilidade a ser desenvolvida**[17]: completar, após o reconhecimento e a explicitação de um padrão (ou regularidade), as sequências de figuras e dos números naturais.

Atividade 1. Observar as sequências abaixo e responder as questões para cada sequência
Material: folha com as sequências 1 e 2.

### Orientação

O professor distribui a folha e pede aos alunos organizados em duplas responderem as questões a seguir, a partir da análise de cada sequência. Explica que a primeira linha corresponde às figuras e a segunda linha as posições, fazendo a leitura com os alunos.

a. Qual o próximo símbolo que deve ser colocado na sequência para que seja mantido o seu padrão?

b. Qual símbolo deve ser colocado na 9º posição da tabela? E na 10º posição?

c. Escreva com palavras uma regra geral que permita identificar o símbolo correspondente a cada posição.

**Sequência 1**

| 🙈 | 🙊 | 🙉 | 🙈 | 🙊 | | | 🙊 | | |
|---|---|---|---|---|---|---|---|---|---|
| 1 | 2 | 3 | 4 | 5 | 6 | 7 | 8 | 9 | 10 |

**Sequência 2**

| 👍 | 👎 | 👍 | 👎 | 👎 | 👍 | 👎 | | | |
|---|---|---|---|---|---|---|---|---|---|
| 1 | 2 | 3 | 4 | 5 | 6 | 7 | 8 | 9 | 10 |

17 BNCC – Base Nacional Comum Curricular, 2017 (EF02MA10)

**Comentário para o professor**

É importante fazer a correção e discutir os resultados com os alunos, mostrando que a sequência 1 é repetitiva, o padrão são os macaquinhos: primeiro o de olhos fechados, o segundo de boca fechada e o terceiro de ouvidos fechados que se repetem. Na nona posição temos o macaquinho de ouvidos fechados, na décima posição o macaquinho de olhos fechados.

👍 símbolo positivo 👎 símbolo negativo

A sequência 2 é recursiva, pois após cada símbolo positivo segue um negativo; depois 2; depois 3 e assim por diante. Então na nona posição teremos o símbolo negativo e na décima posição o símbolo positivo. O professor pode fazer o preenchimento da faixa com os alunos, mas é importante que eles percebam a generalização.

**Habilidade a ser desenvolvida**[18]**:** Construir sequências de números naturais em ordem crescente ou decrescente, utilizando uma regularidade.

## COM CARTELAS

Atividade 1. Completar as sequências observando o padrão ou regularidade dos termos, utilizar a linguagem aritmética para cada termo.
Material: Cartelas com botões colados ou desenhados

### Orientação

O professor distribui as cartelas embaralhadas para os alunos em grupos de 3 ou 4 e pede para formarem sequência com as cartelas. Em seguida devem identificar a quantidade de botões ou círculos em cada cartela utilizando os numerais, colocarem em ordem crescente, do menor para o maior, e depois em ordem decrescente, do maior para o menor.

Na sala de aula os alunos do segundo ano foram acompanhados por alunos do Ensino Fundamental II que confeccionaram as cartelas.

Veja o exemplo de cartelas e as fotos dos alunos:

18 BNCC – Base Nacional Comum Curricular, 2017 (EF02MA09)

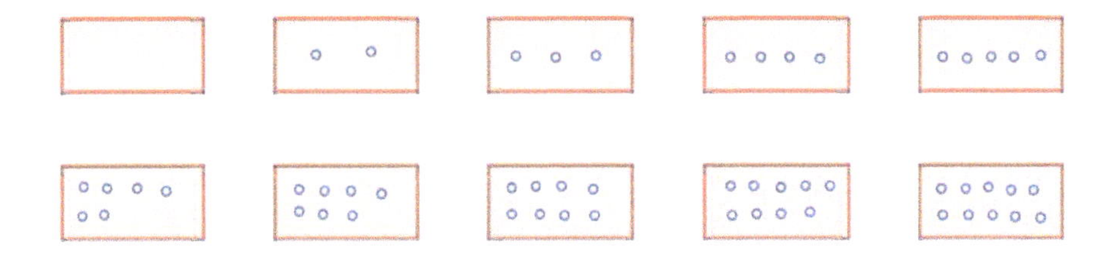

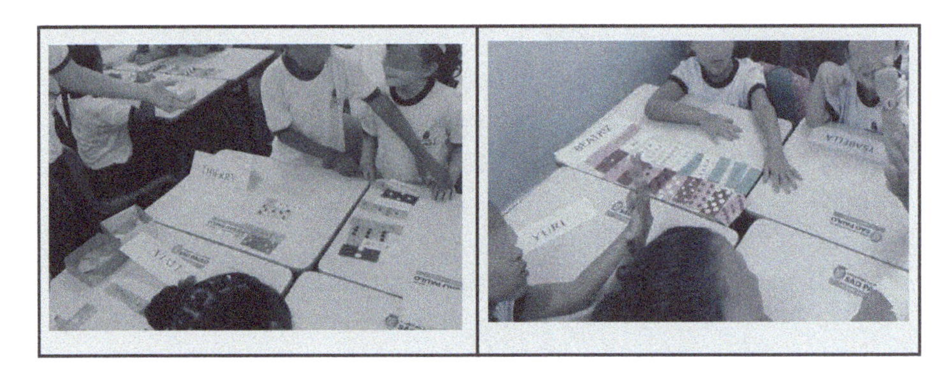

*Comentário da professora Flavia*[19] *sobre a classe*

*Este segundo ano é uma sala bem participativa e interessada, composta por 30 alunos, sendo a maioria alfabetizados. Apresenta bastante domínio de sequência numérica, uma vez que o calendário, número de meninos e meninas, e o número total de alunos é trabalhado diariamente desde o início do ano. Durante a atividade os alunos tiveram bastante facilidade em realizar a proposta, mostrando-se muito animados em realizá-la. Os alunos foram bem receptivos e demonstraram interesse em realizar atividades com manipulação de materiais.*

19 Flavia Amatti Paukoski.

## As atividades de dois alunos

### Auno A

| ordem crescente | ordem decrescente |
|---|---|
| 0 ZERO | 10 DEZ |
| 1 UM | 9 NOVE |
| 2 DOIS | 8 OITO |
| 3 TRÊS | 7 SETE |
| 4 QUATRO | 6 SEIS |
| 5 CINCO | 5 CINCO |
| 6 SEIS | 4 QUATRO |
| 7 SETE | 3 TRÊS |
| 8 OITO | 2 DOIS |
| 9 NOVE | 1 UM |
| 10 DEZ | 0 ZERO |

**Aluno B**

| ORDEM CRESCENTE | ORDEM DECRESCENTE |
|---|---|
| 0 ZERO | 10 DEZ |
| 1 UM | 9 NOVE |
| 2 DOIS | 8 OITO |
| 3 TREIS | 7 SETE |
| 4 QUATRO | 6 SEIS |
| 5 CINCO | 5 CINCO |
| 6 SEIS | 4 QUATRO |
| 7 SETE | 3 TREIS |
| 8 OITO | 2 DOIS |
| 9 NOVE | 1 UM |
| 10 DEZ | 0 ZERO |

**Habilidade a ser desenvolvida:** Completar as sequências utilizando a linguagem aritmética para cada termo.

## COM O MATERIAL DOURADO

**Explicando**

O "Material Dourado" foi criado por Maria Montessori (1870-1952), primeira mulher na Itália a formar-se em medicina. Quando encarregada da educação de crianças com deficiências, verificou que elas aprendiam mais pela ação do que pelo pensamento. Desenvolveu, então, um método e material apropriado de ensino. Sua experiência foi muito bem-sucedida e Montessori concluiu que método semelhante poderia ter êxito com demais crianças.

O Material Dourado Montessori destina-se a atividades que auxiliam o ensino e a aprendizagem do sistema de numeração decimal-posicional e dos métodos para efetuar as operações fundamentais."[20]

Atividade 1. Reconhecer e completar sequências numéricas
Material: material dourado o suficiente para a classe

**Orientação**

O professor distribui o material para as duplas, alguns cubinhos e barrinhas, dá um tempo para os alunos brincarem e reconhecerem o material. Após este espaço lúdico pede para fazerem algumas sequências usando o material.

Primeiro de 1 cubinho até 10 cubinhos, escrevendo os numerais como na tabela a seguir:

| Cubinhos |  |  |  | | | | | | | |
|---|---|---|---|---|---|---|---|---|---|---|
| numeral | 1 | 2 | 3 | 4 | | | | | | 10 |

Observação quando chegar a 10 cubinhos trocar pela barrinha

20 http://www.sbpcnet.org.br/livro/oriximina/resumos/134.htm

Atividade 2. Completar as sequências de 1 a 20

Em seguida de 1 cubinho até 20 cubinhos, escrevendo os numerais como na tabela anterior e fazendo a troca de 10 cubinhos por uma barra. Conversar com os alunos sobre as sequências e sua regra de formação.

O professor pode explorar outras configurações agrupando os cubinhos de dois em dois ou três em três etc. Ao agrupar de dois em dois forma uma sequência de números pares, começando com o 2 (2, 4, 6....) ou ímpar se começar com o 1 (1, 3, 5...).

**Comentário para o professor**

A tabela mostra a solução para completar sequências de 1 a 20.

| Material dourado | Numeral | Material dourado | Numeral |
|---|---|---|---|
|  | 10 |  | 16 |
|  | 11 | 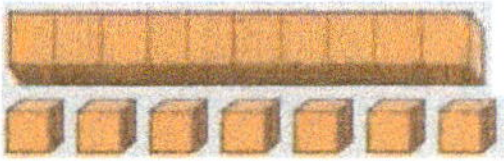 | 17 |
|  | 12 | 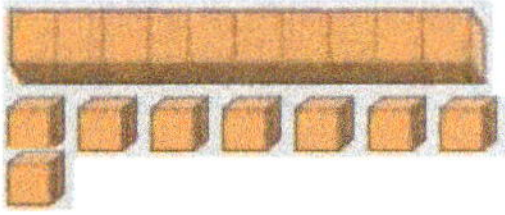 | 18 |
|  | 13 | 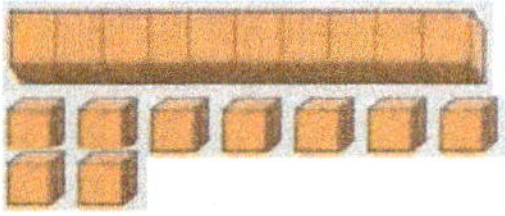 | 19 |
| 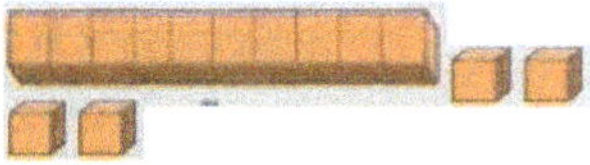 | 14 | 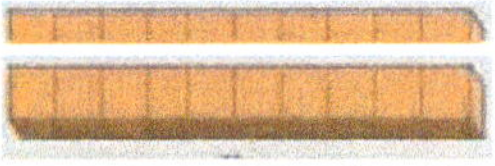 | 20 |
| 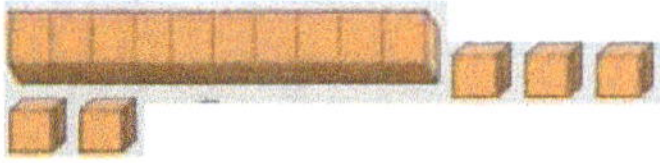 | 15 | | |

Para os alunos do 2º ano sugerimos que o professor faça uma tabela até 100. Uma caixa de material dourado para grupos de 4 alunos é suficiente. Os alunos deverão trocar 10 barrinhas por uma placa.

**Habilidade a ser desenvolvida**[21]: Completar, após o reconhecimento e a explicitação de um padrão (ou regularidade), as sequências numéricas em ordem crescente ou decrescente, a partir de um número qualquer.
Atividade 1. Completar a sequência numérica em ordem crescente após a explicitação do padrão.
Material: as figuras com sequências numéricas

**Orientação**

O professor apresenta as figuras envolvendo números naturais uma de cada vez e pede para os alunos responderem as questões.

a. Observe a sequência de vagões no trenzinho e complete a numeração dos demais vagões.

b. Qual é o padrão dessa sequência de vagões.

Atividade 2. Completar a sequência numérica explicitando o padrão.
Observe a sequência de números nos vagões.

a. Nessa sequência há números fora de ordem?

b. Quais são eles?

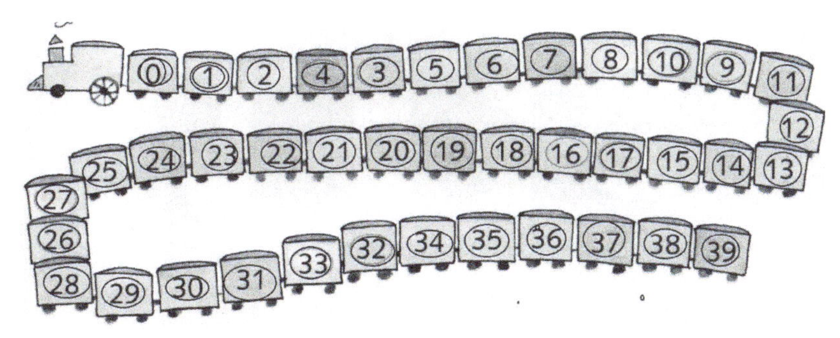


c. Escreva essa sequência em ordem decrescente.

21 BNCC – Base Nacional Comum Curricular, 2017 (EF02MA09)

Atividade 3. Completar as sequências numéricas explicitando o padrão em cada uma delas.

a.

b.

c.

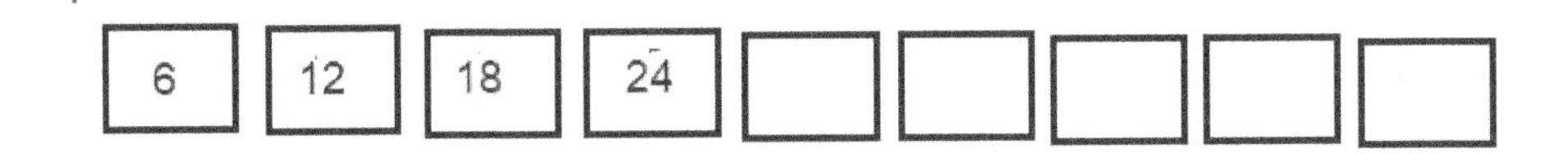


Assinalar os números da sequência do item **c** que estão nos itens **a** e b.

Atividade 4.[22] Escrever em ordem crescente a sequência de números pares e a de números ímpares.

Material: Situações problema sobre sequências numéricas

**Orientação**

O professor apresenta as situações abaixo envolvendo números naturais.

a. Ligue os pontos, em seguida contorne com lápis vermelho os números pares e com lápis azul os números ímpares.

22 BNCC – Base Nacional Comum Curricular, 2017 (EF02MA10)

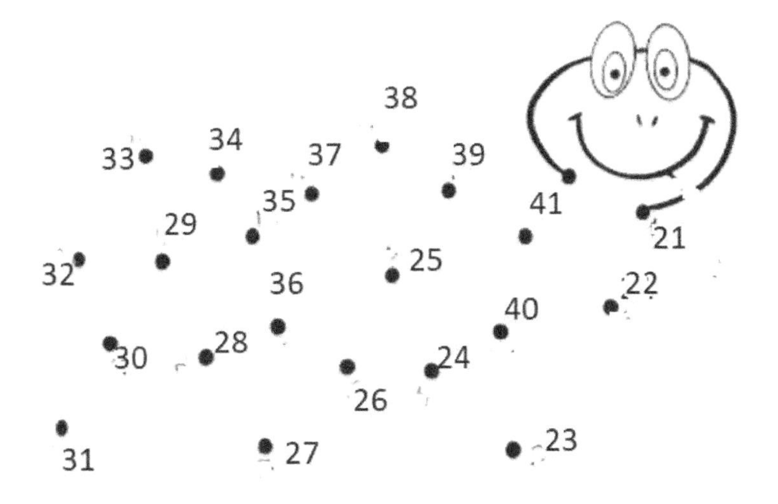


Complete a tabela com seus resultados:

Números contornados em vermelho (pares)

| 22 | 24 | | | | | | | | |
|---|---|---|---|---|---|---|---|---|---|

Números contornados com azul (ímpares)

| 21 | 23 | | | | | | | | |
|---|---|---|---|---|---|---|---|---|---|

Atividade 5.[23] Escrever os elementos ausentes em sequências recursivas de números naturais.

b. Descubra o padrão e complete os termos ausentes na sequência

- 8,....,12, 14,....18....,22.
- 5, 7,,...,11,...15,17...., 21
- 18,21,...,27, 30,..., 36, 39
- 43,41, ....., 37, 35, .... .
- 53, 48, ....., 43, ..., 33, ...

23 BNCC – Base Nacional Comum Curricular, 2017 (EF02MA10)

Observar que se trata de sequências numéricas e o padrão é fazer uma adição ou uma subtração.

## COM JOGOS

Atividade 1. Completar a sequência das peças do dominó, após o reconhecimento e a explicitação do padrão

Atividade 2. Escrever os elementos ausentes em sequências recursivas

## Jogo: DOMINÓ

Material: O jogo dominó em quantidade suficiente para a classe organizada em duplas e papel para registro de algumas jogadas

### Orientação

Organizar os alunos em duplas, distribuir um jogo por dupla, explicando as regras caso as crianças não conheçam, fazendo algumas simulações. Percorrer as duplas e pedir para elas registrarem algumas situações do jogo no papel.

Por exemplo:

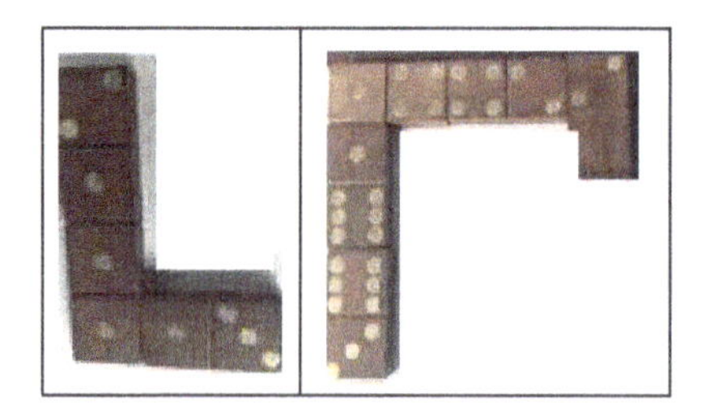

Apresentar para a classe os registros dos grupos e discutir se temos sequência, se sim quais são os termos e o padrão. Mostrar outros termos das configurações retiradas dos exemplos dos alunos.

Em seguida colocar algumas configurações com peças escuras como os exemplos e pedir aos alunos que completem e analisar as soluções que forem apresentadas pelos alunos.

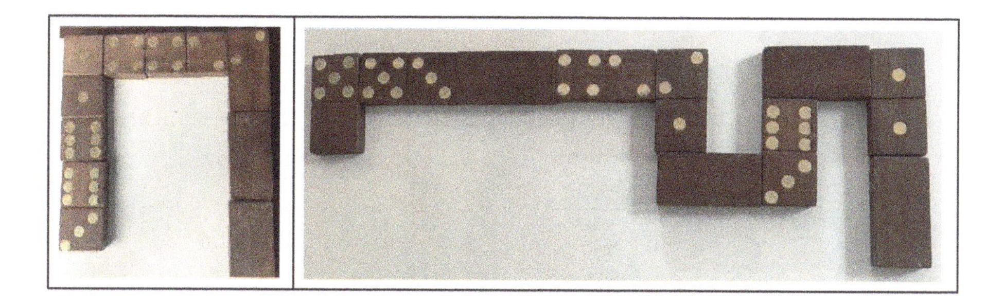

**Jogo: ZIGUE ZAGUEANDO**

O jogo foi adaptado pela professora Kátia[24]. Os jogadores no ponto de partida fazem o sorteio de quem irá começar. É necessário que o jogador na sua vez coordene operações sucessivas de adições e/ou subtrações para caminhar no tabuleiro numérico até o ponto de chegada.

As regras e as alternativas de jogadas estão explicadas no vídeo: https://youtu.be/BhVsjVoJP74

24 Kátia Kurianski.

**Comentário para o professor**

A sequência dos trenzinhos da atividade 1 é uma sequência de números ímpares, partir do 21. Já a da atividade 2 é uma sequência de números naturais, tem números fora do lugar e o aluno precisa identificar.

As sequências da atividade 3 tem como objetivo mostrar que todos os termos da sequência do item **c** também estão nos itens **a** e **b.** Os múltiplos de 6 são também múltiplos de 2 e 3.

Na atividade de ligar os pontos, o objetivo é mostrar uma sequência numérica de 1 em 1, a partir do número 21 e com os contornos os pontos de 2 em 2. Os pontos de 2 em 2 a partir do 21 formam uma sequência de números ímpares e os números de 2 em 2 a partir do 22 formam uma sequência de números pares, a ideia intuitiva já foi trabalhada com o material Dourado.

O padrão no item b são adições ou subtrações sucessivas em sequências numéricas e os resultados são respectivamente: + 2; + 2, + 3; - 2; - 5

No jogo dominó temos uma sequência recursiva e o recurso é completar o caminho com a peça correta, esta é a regra do jogo, e as peças escondidas são únicas.

No jogo ZIGUE ZAGUEANDO cada jogador precisará coordenar suas operações para poder avançar, esta é a regra do jogo, e em cada momento tem que obter resultado diferente.

# CAPÍTULO 2

A proposta para o terceiro ano retoma a reflexão sobre pensamento e linguagem algébrica. Como já dissemos na apresentação a relação entre o pensamento e a linguagem (palavras), para Vygotsky (1987, p.103)[25] é um processo vivo: o pensamento nasce através das palavras. A relação entre eles não é, no entanto, algo já formado e constante, surge ao longo do desenvolvimento e se modifica. Nessa perspectiva, algumas dimensões do trabalho com a álgebra estão presentes nos processos de ensino e de aprendizagem, desde os anos iniciais, como as ideias de regularidade, de generalização e de equivalência que são apresentadas como continuidade da proposta.

Nessa mesma direção o raciocínio proporcional, considerado uma das bases do pensamento algébrico, estabelecendo relações e comparações, entre grandezas e quantidades, é apresentado para esse ano nas relações multiplicativas, por meio de situações problemas, com a intenção de levar ao entendimento da situação e identificar a relação entre as grandezas envolvidas e fazer alguma generalização.

## TERCEIRO ANO DO ENSINO FUNDAMENTAL

Objetos do conhecimento: conceitos e procedimentos esperados para o 3º ano no currículo paulista:

- Identificação e descrição de regularidades em sequências numéricas recursivas.
- Relação de igualdade.

No texto acrescentamos:

- Padrões em sequências geométricas como faixas decorativas.
- A noção de proporcionalidade nas relações multiplicativas.

**Habilidade a ser desenvolvida:**[26] Identificar regularidades em sequências de números naturais, resultantes da realização de adições ou subtrações sucessivas,

25 VYGOTSKY, L. S. *Pensamento e Linguagem*. São Paulo: Martins Fontes, 1987, p. 103-107.

26 BNCC – Base Nacional Comum Curricular, 2017 (EF03MA10)

por um mesmo número, descrever uma regra de formação da sequência e determinar elementos faltantes ou seguintes.

**Comentário para o professor**

Para trabalhar essa habilidade na sala de aula do 3º ano vamos retomar as ideias de sequências, em dois momentos, no primeiro identificar regularidades em sequências ordenadas de objetos ou figuras. Em seguida, descrever uma regra de formação da sequência e determinar elementos seguintes ou faltantes.

**Habilidade a ser desenvolvida:** Identificar e criar regularidades em sequências ordenadas de objetos ou figuras.
Atividade 1. Organizar embalagens de produtos do cotidiano, por meio de atributos, como cor, forma ou utilidade.
Pré-requisitos:

- Conhecer e nomear os objetos geométricos do espaço.
- Identificar formas geométricas plana: triângulo, quadrado e hexágono.

Material: embalagens de produtos do cotidiano como de higiene, de alimentos, entre outros, e papel para o registro

**Orientação**

O professor solicita que os alunos tragam embalagens de produtos do seu cotidiano e organiza na sala uma caixa com todas as embalagens, completando com alguns menos frequentes como a pirâmide e o cone. Este material é explorado e nomeado no trabalho com geometria.

Em seguida o professor propõe aos alunos que em duplas, formem sequências com o material, para isto pede para escolham uma regra que pode ser: forma, tamanho, cor ou utilidade, e registrem na folha de papel por meio de desenhos ou pela escrita. As sequências são livres, elas podem ser repetitivas ou recursivas. Caso os alunos não tenham estudado essas noções nos anos anteriores, o professor retoma, a partir das atividades proposta para os 1º e 2º anos no capítulo anterior.

Apresentar para a classe os diferentes registros e discutir com os alunos a regra que cada dupla utilizou, ou seja, o padrão ou regularidade e se o padrão se repetiu ou não. Lembrar que algumas das sequências formadas pelos alunos podem não ter nenhum padrão. Discutir esta situação com os alunos.

Veja um exemplo de sequência recursiva.

Recurso, após cada lata (forma cilíndrica) uma embalagem poliédrica (caixa).

**Habilidade a ser desenvolvida**: Descrever uma regra de formação de sequências e determinar elementos seguintes ou faltantes

Atividade 2. Descrever os elementos ausentes nas sequências recursivas das embalagens, após o reconhecimento e a explicitação do padrão (ou regularidade).

Material: os registros das duplas que tenham sequências recursivas

**Orientação**

O professor separa algumas representações de sequências recursivas da atividade anterior, retira alguns objetos e propõe as situações problema:

- Uma dupla organizou seus objetos na seguinte sequência. Descubra quem está faltando:

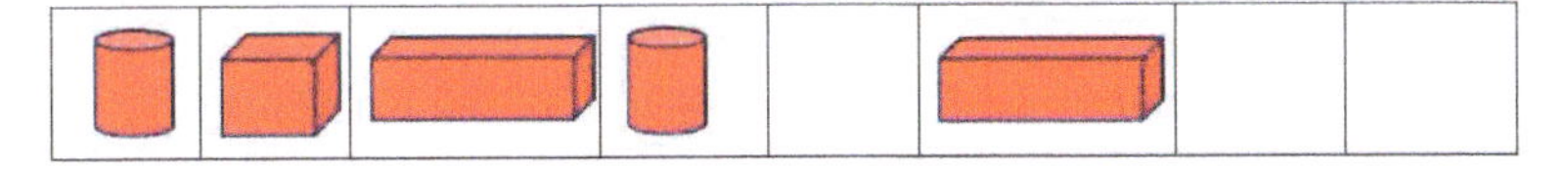

- Outra dupla organizou suas embalagens em utilidades como de higiene e de alimentação, escreva uma possível sequência como estas embalagens, de modo que entre cada embalagem de alimentação tenha uma a mais de higiene.

Atividade 3. Contornar as embalagens em uma folha de papel, formando sequências com as formas planas obtidas.

Material: as embalagens, papel e lápis.

**Orientação**

O professor organiza os alunos em duplas e disponibiliza a caixa com as embalagens, os alunos escolhem as embalagens que querem contornar e conversam sobre a ordem em que vão registrar suas representações.

Com os registros conversa sobre as representações verificando as sequências repetitivas e as que possuem algum recurso verbalizando para os alunos.

**Comentário para o professor**

Na atividade recursiva sobre os sólidos geométricos os elementos que estão faltando são: cubo, cilindro e paralelepípedo. O professor pode fazer a representação na sua mesa e pedir para os alunos pegarem na caixa os sólidos que estão faltando. Na atividade seguinte sobre produtos de limpeza, espera se que os alunos após a embalagem de um produto de higiene, coloque um de alimentação, depois dois e assim por diante.

Sobre os contornos é o momento de retomar as noções intuitivas das figuras planas: triângulo, quadrado, retângulo e círculo. Mostrar a relação entre a denominação de cada uma e o número de lados, e que o círculo é uma figura diferente, pois não podemos contar lados.

**Habilidade a ser desenvolvida:** Identificar e criar regularidades em sequências ordenadas de figuras planas.

Atividade 1. Observar as sequências de formas geométricas planas em faixas decorativas e responder as questões.

Material: faixas decorativas, registradas numa folha de papel, colocamos alguns exemplos.

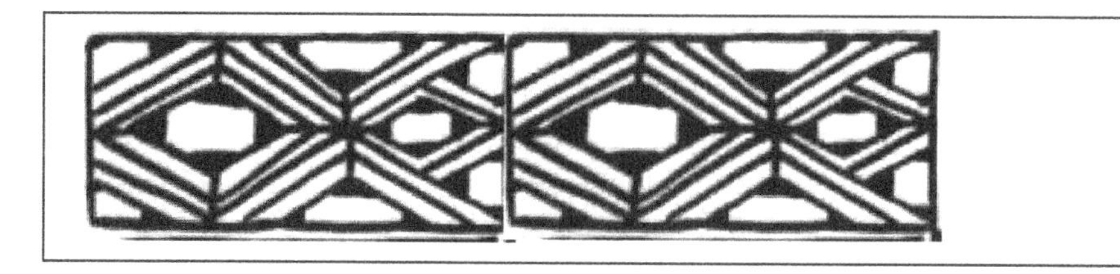

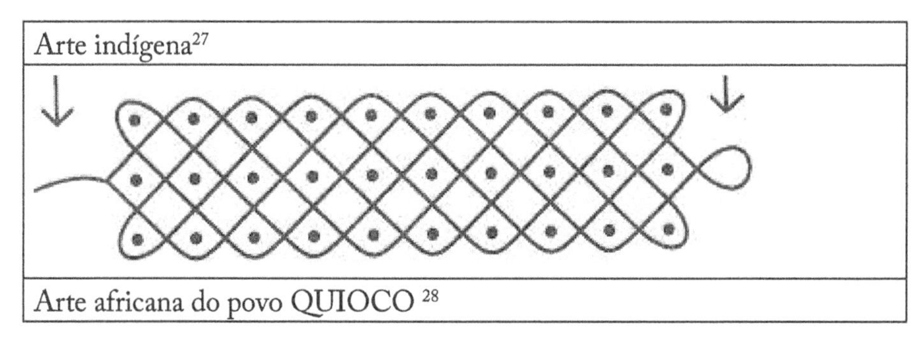

Arte indígena[27]

Arte africana do povo QUIOCO [28]

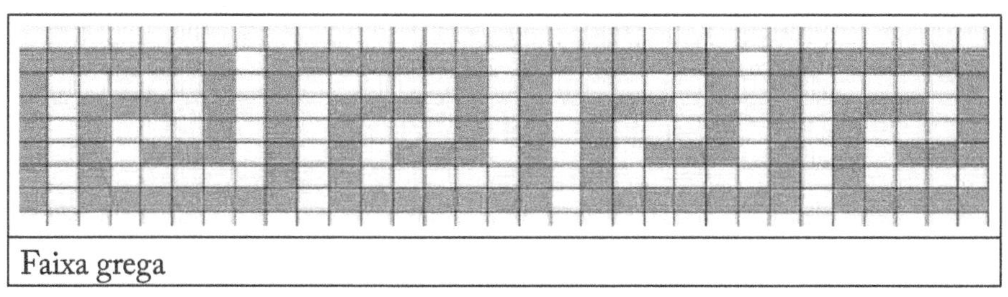

Faixa grega

**Orientação**

O professor apresenta as faixas escolhidas, distribui a folha para os alunos organizados em duplas e propõe as questões:

- Qual o padrão que foi utilizado em cada faixa?
- Identifique se as sequências são repetitivas ou recursivas e escreva com palavras suas conclusões.

Após a síntese das respostas, observa que as faixas apresentam sequências repetitivas que parecem ser comuns na arte popular.

Como continuidade da atividade propõe as faixas a seguir e pede para que respondam as questões:

- Qual o padrão que foi utilizado em cada faixa?
- Completa a posição com pontinhos seguindo o padrão.
- As sequências são repetitivas ou recursivas?

27 http://dominiopublico.mec.gov.br/download/texto/me002127.pdf

28 GERDES, P. *Desenhos da África*. São Paulo: Scipione, 1990.

**Comentário para o professor**

As faixas escolhidas na atividade têm como objetivo conversar com os alunos sobre a Matemática presente em diferentes culturas e a relação dessa com o cotidiano. O professor pode propor que os alunos observem padrões em tecidos, azulejos e outros.

Nas duas últimas faixas, com as respostas dos alunos o professor apresenta a faixa com o girassol como uma sequência recursiva, pois a cada borboleta segue um número a mais de girassol: um, dois, três, se continuar este padrão o próximo terá quatro girassóis e assim por diante. A faixa das carinhas tem como padrão uma carinha de sorriso, uma carinha de ponta cabeça e uma carinha que pisca, depois entre cada carinha de sorriso aumenta o número de carrinhas de ponta cabeça, primeiro uma, depois duas e a próxima três, continuando forma uma sequência recursiva.

Atividade 2. Criar faixas decorativas

Material: papel com malha quadriculada e as formas geométricas planas: triângulo, quadrado e hexágono, recortadas em papel cartão ou papel duro.

Observação: o triângulo deve ser equilátero, o hexágono regular e os lados das figuras precisam coincidir com partes inteiras do papel quadriculado, veja os exemplos.

**Orientação**

O professor distribui o material para os alunos organizados em dupla, explica como fazer as representações e pede para criarem sequências com as figuras contornando-as no papel quadriculado. As duplas escolhem a figura ou figuras que irão contornar e o padrão. Com as representações das duplas, o professor analisa na sala de aula os padrões e as sequência apresentadas;

propõe as questões a seguir para serem respondidas pelas duplas, a partir de suas representações.

- Qual é o padrão que foi utilizado na sua representação?
- Identifique se as suas sequências são repetitivas ou recursivas e escreva com palavras suas conclusões

Alguns exemplos de faixa com as formas geométricas planas

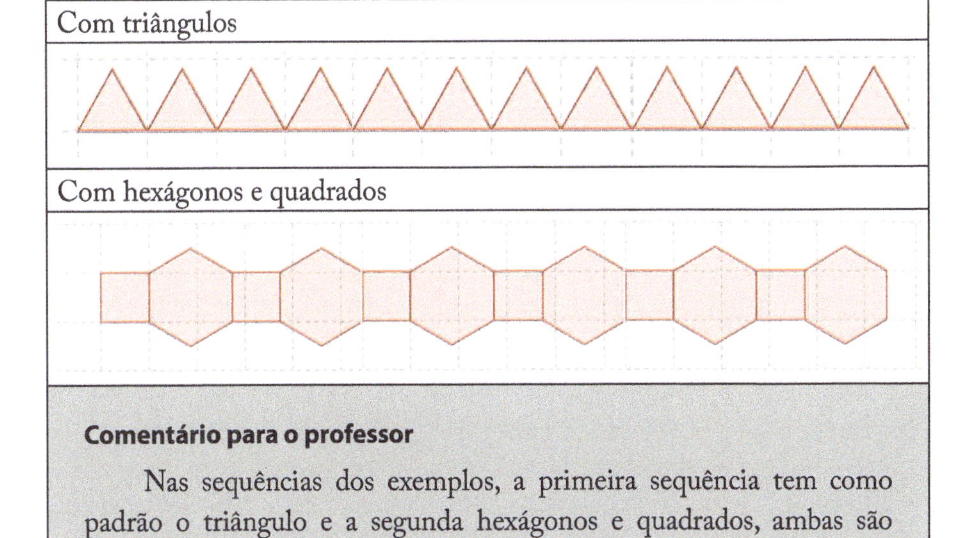


**Comentário para o professor**

Nas sequências dos exemplos, a primeira sequência tem como padrão o triângulo e a segunda hexágonos e quadrados, ambas são repetitivas. O professor pode discutir com os alunos como modificar as sequências para que se tornem recursivas, outra vertente é pedir que os alunos pesquisem padrões geométricos em tecidos ou faixas decorativas.

Atividade 2. Descrever os elementos ausentes nas sequências recursivas das formas geométricas planas
Material: folha de papel com a representação das sequências.

**Orientação**

O professor distribui a folha para os alunos organizados em duplas e pede para que identifiquem na sequência 1 e 2 o elemento que está faltando no terceiro termo e desenhem o quarto termo e quinto termo de cada sequência.

**Sequência 1**

| 1º termo | 2º termo | 3º termo | 4º termo |
|---|---|---|---|
| △ □ | △ △ □ | △ △ .... □ | |

**Sequência 2**

| 1ºtermo | 2º termo | 3º termo | 4º termo |
|---|---|---|---|
| ⬡ □ | ⬡ □ □ | ⬡ □ □ ... | |

**Comentário para o professor**

Na sequência 1 o termo que está faltando é o triângulo e na sequência 2 é o quadrado. Foi proposto que desenhem o quarto e o quinto termo, por questões da largura da folha só colocamos o espaço para quarto termo, o professor pode imprimir a folha na vertical deixando os espaços necessários. Lembrar o que é termo de uma sequência. Consultar o capítulo dos 1 e 2 anos.

Como continuidade do estudo o professor apresenta a sequência 3, com o objetivo de exercitar a noção de ordem, a partir da posição que cada figura ocupa na sequência.

**Sequência 3**

| Posição | 1 | 2 | 3 | 4 | 5 | 6 | 7 |
|---|---|---|---|---|---|---|---|
| | △ | □ | ⬡ | △ | □ | ⬡ | .... |

**Orientação**

Observe a sequência e responda as questões.

a. Qual a próxima figura da sequência?

b. Identifique a posição das figuras por meio de números.

c. Como podemos descrever com palavras as posições em que encontramos a figura ⬡

d. Como podemos descrever com palavras as posições em que encontramos a figura: △

**Comentário para o professor**

Com as soluções dos alunos o professor faz a correção, apresentando a próxima figura e identificando a posição de cada figura a partir dos números. Assim na posição 7 terá o triângulo. Os hexágonos estarão sempre nas posições múltiplas de 3, ou seja, 3,6,9 e assim por diante. Os triângulos nas posições 4, 7, 10, ou seja, somar sempre 3 na posição do triângulo anterior.

**Habilidade a ser desenvolvida**: Identificar regularidades em sequências de números naturais, resultantes da realização de adições ou subtrações sucessivas, por um mesmo número,

Atividade 1. Escrever números e explorar a ideia de igualdade para escrever diferentes sentenças de adição ou de subtração de dois números naturais, que resultem na mesma soma ou diferença

Material: fichas numeradas 1 2 3 4

**Orientação**

Pedir para os alunos confeccionarem fichas numeradas como proposto no material e escreverem alguns dos possíveis números com dois algarismos. Em seguida pedir para escolher um dos números e escrevê-lo como adição de dois outros quaisquer.

Por exemplo 36 = 12+24 discutir outros possíveis números que podem ter o mesmo resultado

Escolher um dos números e escrevê-lo como a subtração de dois outros quaisquer

Por exemplo 23 = 34 - 11.

Atividade 2. Reconhecer sequências de números pares e de números ímpares, identificando a regularidade.

Material: uma folha com o quadrado numérico apresentado a seguir e lápis colorido.

**Orientação**

O professor apresenta o quadro numérico e pede para os alunos pintarem em vermelho os números pares e em azul os números ímpares.

| | | | | |
|---|---|---|---|---|
| 49 | 35 | 44 | 33 | 51 |
| 45 | 22 | 40 | 24 | 43 |
| 28 | 30 | 31 | 32 | 26 |
| 41 | 38 | 36 | 34 | 47 |
| 53 | 39 | 42 | 37 | 55 |

Em seguida pede para escreverem as sequências dos números pares (vermelhos) e a dos números ímpares (azuis), na tabela e responderem no caderno as questões:

- Qual a regularidade observada em cada caso?
- Escrever mais três números seguintes em cada sequência.

| Pares | | | | | | | | | | | | |
|---|---|---|---|---|---|---|---|---|---|---|---|---|
| Ímpares | | | | | | | | | | | | |

**Comentário para o professor**

O aluno precisa observar que os números, a partir do número par (22) do quadro, crescem de 2 em 2. Assim a regularidade é somar 2. E nos números ímpares, a partir do número ímpar (31) do quadro, também, crescem de 2 em 2, a mesma regularidade somar 2,

Atividade 3. Escrever os elementos ausentes em sequências de números naturais.

3.1. Desafio[29] soma sempre 10. Completar os círculos com os números: 1,2,3,4,5,6, de modo que em cada lado a soma seja sempre 10.

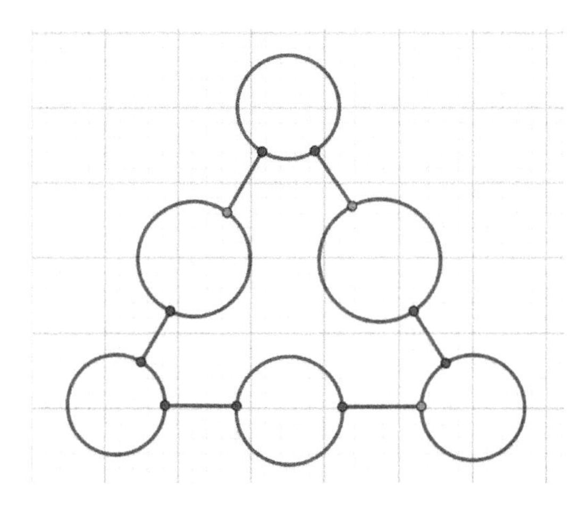

29 Adaptação do desafio preencha os cantos, do livro "Mais actividades matemáticas", de Brian Bolt.

**Comentário para o professor**

Existem seis soluções possíveis apresentamos três, o professor pode discutir as demais apenas mudando a posição dos números.

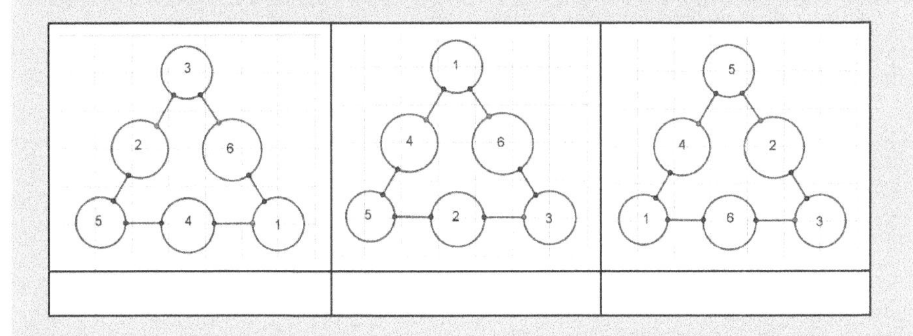


1.2 Observe a sequência numérica.

| Posição | 1ª | 2ª | 3ª | 4ª | 5ª | 6ª | 7ª | 8ª | 9ª |
|---|---|---|---|---|---|---|---|---|---|
| Número | 2 | 3 | 5 | 2 |  | 5 | 2 |  |  |

- Escreva a regra dessa sequência.

- Qual o 5ª termo da sequência? Qual o 8ª termo?

- Na sequência quais são as posições múltiplas de 2?

- Que algarismos ocupam as posições múltiplas de 3?

**Comentário para o professor**

O professor observa que os números 2,3,5 se repetem, sequência repetitiva e completa a sequência com os alunos.

| Posição | 1ª | 2ª | 3ª | 4ª | 5ª | 6ª | 7ª | 8ª | 9ª |
|---|---|---|---|---|---|---|---|---|---|
| Número | 2 | 3 | 5 | 2 | 3 | 5 | 2 | 3 | 5 |

Então na 5ª posição o número 3, na 8ª posição o número 3 e na 9ª o número 5.

O professor retoma a noção de números múltiplos de 2 e múltiplos de 3 e faz a leitura da tabela com os alunos:

- Nas posições múltiplas de 2 tem os números 3,2,5,3.
- Nas posições múltiplas de 3 tem os números 5, 5, 5

**Habilidade a ser desenvolvida:**[30] compreender a ideia de igualdade para escrever diferentes sentenças de adição ou de subtração de dois números naturais.

Atividade 1.1. Compreender a ideia de igualdade para escrever diferentes sentenças de adição com material CUISENAIRE

Material: as barrinhas de CUISENAIRE ou Material Dourado e caderno para o registro.

**Orientação**

**Com o material CUISENAIRE**

Os alunos organizados em duplas recebem as barrinhas e o professor propõe as ideias da estrutura aditiva, já trabalhada em sala de aula, como composição e transformação.

**Composição:** escolher duas barras, colocar uma ao lado da outra e pedir para o aluno substituir essa composição por uma barra que complete o valor. Registrar com valores numéricos.

Por exemplo.

30 BNCC – Base Nacional Comum Curricular, 2017 (EF03MA11)

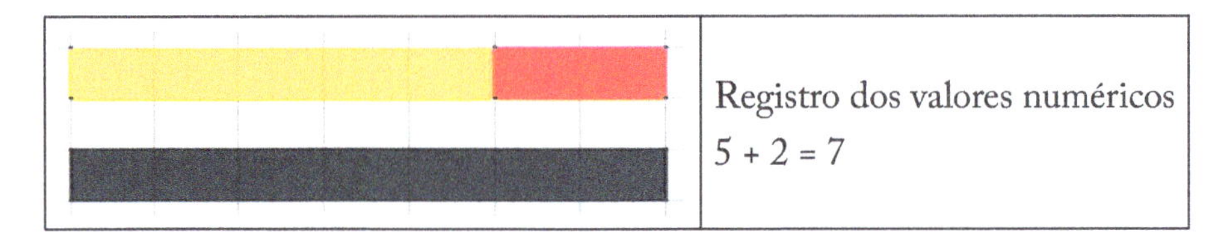


**Transformação**: escolher uma barra e ver quais são as possíveis barras que posso selecionar para completar a primeira. Registrar com valores numéricos.

Por exemplo.

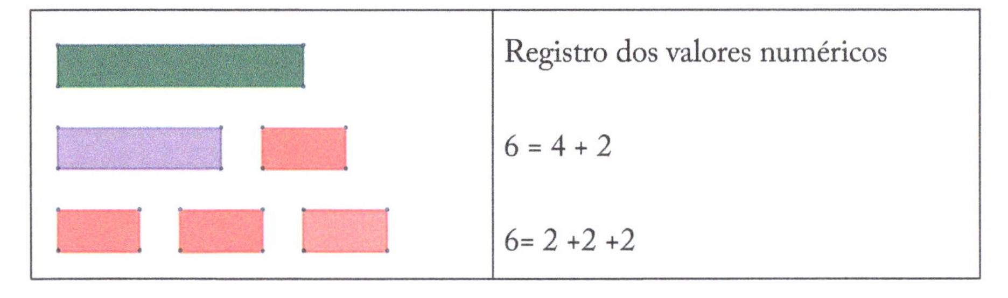


Atividade 1.2. Com as peças do material CUISENAIRE formar sentenças cujo resultado é uma dezena e registrar no caderno.

Veja a atividade de dois alunos da profa. Andrea[31], a seguir

Observação: Passamos caneta no registro dos alunos, para possibilitar melhor visualização, **não** fizemos a correção ortográfica respeitando escrita do aluno.

| Aluno A |
| --- |
| PODEMOS FORMAR A DESENA DE DIFERENTES JEITOS<br>ASUL+ CRU = LARANJA.<br>AMARELO + VERDE = LARANJA<br>PRETO + VERDE = LARANJA<br>VERDE + 4CRUA = LARANJA.<br>AMARELO + AMARELO = LARANJA.<br>ROCHA + VERDE + 3CRUA = LARANJA.<br>VERMELHO + ROCHA + 4CRUA = LARANJA. |

31 MAGNANELLI, A. P. *Atividade do Portifólio do curso de atualização*: Prática de Ensino de Álgebra. CAEM, 2019.

| Aluno B |
|---|
| - PODEMOS FORMAR A DEZENA DE DIFEREN-<br>JEITOS.<br>VERDE + ROXO = A LARANJA.<br>VERDE CLARO + AMARELO + VERMELHO = LARANJA<br>AZUL + CRUA = A LARANJA<br>VERMELHO + VERMELHO + AMARELO + CRUA = A<br>CRUA + CRUA + CRUA + CRUA + CRUA + CRUA + CRUA<br>CRUA + CRUA = A LARANJA<br>MAROM + VERMELHO = LARANJA<br>AMARECO + AMARELO = ALARANJA<br>VERDE CLARO + ROXO + VERMELHO + CRUA<br>PRETO + VERDE CLARO = A LARANJA. |

**Jogo separar em dois.**

Os alunos são organizados em dupla. Um dos alunos da dupla escolhe uma barra de qualquer cor e os demais devem encontrar duas outras que, juntas, dão o mesmo comprimento, fazendo o registro da composição obtida.

**Comentário para o professor**

O material permite trabalhar com várias composições e criar jogos, como o jogo separar em dois que citamos acima.

Esta atividade evidência a propriedade comutativa da adição e mostra que os números pares podem ser separados por duas barras da mesma cor. O professor pode acrescentar novos desafios como separar em três ou quatro.

Atividade 1.3. Compreender a ideia de igualdade para escrever diferentes sentenças de adições ou subtrações com material Dourado.

## COM O MATERIAL DOURADO

**Orientação**

O professor distribui o material para as duplas, alguns cubinhos e barrinhas, dá um tempo para os alunos brincarem e reconhecerem o material e pede para fazerem as seguintes sequências usando o material.

- Organizar os cubinhos de modo a obter como resultado uma barrinha e escrever os numerais correspondentes. Por exemplo:

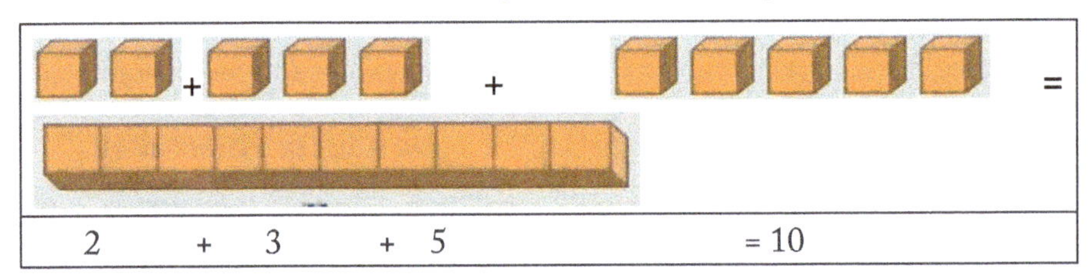


- Organizar os cubinhos de modo a obter como resultado 2 barrinhas e 4 cubinhos e escrever os numerais correspondentes.
- Dado uma barrinha e 6 cubinhos fazer diferentes retiradas de cubinhos (subtração) para obter 7 cubinhos e escrever os numerais correspondentes.
- Completar as igualdades abaixo usando o material dourado

a. 1 barrinha + 2 cubinhos = 7 cubinhos + .......

b. 2 barrinhas - ..............= 1 barrinha + 4 cubinhos

Propor outras questões sobre acrescentar ou retirar utilizando o material dourado e registrar as quantidades correspondente com numerais.

Agora sem o material dourado

a. 27+ 12 = 10 + .......

b. 54 + ......= 17 + 50

c. .....+ 83 = 56 + 44

d. 77 –... = 40 +30

e. ........- 23 = 42 +21

Atividade 1.4. Compreender a ideia de igualdade para escrever diferentes sentenças de adições ou subtrações com material dourado e dados

Material: caixa de material dourado, dois dados por dupla e caderno para registro

**Orientação**

O professor organiza os alunos em duplas e distribui para cada dupla os dados e uma porção de material dourado cubinhos e barras.

As regras do jogo: um aluno da dupla na sua vez lança os dados e pega tantas unidades quanto indica a soma das faces superiores e se for maior que 10 troca pela barra. Em seguida, o outro aluno e faz o mesmo processo. O jogo é proposto para cinco rodadas e ganha o jogo quem tiver o maior número de pontos, fazendo corretamente a adição e as trocas de cubinhos por barras.

No final do jogo o professor conversa com os alunos sobre os lances, como foram feitas as trocas e propõe as perguntas:

- Como escrever a sentença das adições no final do jogo.
- Qual é o menor número de lances para ganhar uma barra? Explique
- Em cinco lances qual é o maior número possível de barras? Explique

Atividade 1.5. Compreender a ideia de igualdade para escrever diferentes sentenças de adições ou subtrações com dados

**COM DADOS**

Material: caderno para o registro e dados

**Orientação**

O professor organiza os alunos em duplas, distribui dois dados e pede que façam o registro de suas jogadas no caderno e após 3 jogadas seguidas calculem o resultado de cada um para verificar quem ganhou a partida. Registra no quadro alguns resultados de algumas duplas e propõe a situação:

Veja os resultados de dois alunos:

- José fez 7 pontos na primeira rodada, 8 na segunda e 4 na terceira.
- Tiago fez 5 pontos na primeira rodada, 3 na segunda e 11 na terceira.

Calcule total de pontos de José e Tiago de três maneiras diferentes. Mostre como você pensou.

- Quem ganhou a partida?

Após um tempo para os alunos resolverem, o professor pega o exemplo do José e mostra que pode fazer:

7 + 8 = 15 +4 = 19 ou 8+4=12 +7 =19

No exemplo do Tiago pode fazer:

5+ 3= 8 +11= 19 ou 3+11=14 +5 = 19

Em seguida analisa os resultados que estão no quadro e faz os cálculos enfatizando que a ordem das parcelas não altera a soma, independentemente da quantidade de parcelas. Verifica se houve empate, ou seja, os resultados foram equivalentes como aconteceu com José e Tiago.

Atividade 1.6. Compreender a ideia de igualdade para escrever diferentes sentenças de adições ou subtrações com moedas

**COM AS MOEDAS**

Material: folha com o desenho das moedas em circulação no Brasil: 1 real e centavos (50, 25, 10, 5, 1).

**Orientação**

O professor providencia folha com o desenho das moedas, comenta os valores considerados como padrão para o sistema monetário brasileiro e pede para os alunos em duplas recortarem as moedas separando-as por valor numérico. Em seguida propõe as questões;

a. Organizar as moedas de modo a obter como resultado um 1 real e 50 centavos e escrever algumas possibilidades. Por exemplo:

   - 1 real + 50 centavos = 50 centavos + 50 centavos + 50 centavos ou 3 x 50 centavos.

b. Observe suas moedas e complete as igualdades abaixo.

   - 1 real +...... ......= 50centavos + 10 centavos + 10 centavos+ 50 centavos

   - 50 centavos + 25 centavos = 10 centavos + .......+ .......

   - 1 real - 10 centavos = ....... + ......+ 50 centavos

   - 1 real + 4X 10 centavos = 2 reais - ........

**Comentário para o professor**

Sobre as moedas o professor pode consultar a internet para imprimir as moedas do sistema monetário brasileiro, mas alguns livros didáticos têm como material para destacar. Aqui o que propomos é que o aluno verifique a equivalência em diferentes materiais, primeiro o CUISENAIRE, depois o Material Dourado, Dados e Moedas. Nas moedas vamos trabalhar com reais e centavos sem a notação decimal que só será trabalhada no 6º ano.

O professor no material dourado apresenta as diferentes possibilidades de se obter uma barrinha a partir dos cubinhos, retomando as noções de composição e decomposição numéricas. As primeiras questões com o material dourado têm como objetivo dar significado às quantidades e as relações entre estas quantidades. Em seguida propomos a abstração, utilizando os símbolos numéricos, para representar quantidades e explorar as operações de adição e subtração. No texto apresentamos algumas ideias, o professor tem em seu livro didático outras, aqui apenas estamos chamando a atenção para que perceba que essas relações são as primeiras construções algébricas.

Com o material dourado e os dados a atividade explora as equivalências entre as quantidades de cubinhos e barras com as representações numéricas: unidades e dezenas e a escrita da sentença matemática das adições. Enfatiza a propriedade associativa, em que a ordem das parcelas não altera a soma, independentemente da quantidade de parcelas.

**Habilidade a ser desenvolvida:**[32] compreender a ideia de igualdade, resolver situações problema, escrevendo diferentes sentenças de adição ou de subtração de números naturais.

Atividade 1. Utilizar a ideia de igualdade para resolver situações problemas envolvendo a adição ou subtração e a noção de razão (metade).

32 BNCC – Base Nacional Comum Curricular, 2017 (EF03MA11)

### Os cofrinhos[33]

O Sr. Luiz tem dois filhos, o mais velho Pedro tem um cofrinho com 10 moedas e o mais novo João acabou de ganhar um cofrinho. O pai combinou dar moedas para cada um, para o Pedro uma moeda e para o João duas moedas por semana, até que ambos tenham a mesma quantidade de moedas. Em quantas semanas os dois cofres terão a mesma quantidade de moedas?

### Pirulitos[34]

Numa doceria, um pirulito custa um real. Numa promoção da doceria, você pode comprar seis pirulitos por cinco reais. No máximo, quantos pirulitos você poderá comprar com 36 reais?

### As bandeirinhas

Alice tem quatro folhas amarelas de papel, duas folhas vermelhas e três folhas azuis, para fazer bandeirinhas para a festa junina. Ela recorta pela metade todas as folhas que não são vermelhas. Em seguida ela recorta pela metade todas as folhas, grandes ou pequenas, que não são azuis. Quantas bandeirinhas ela terá depois disso?

### Bombons

Tiago ganhou uma caixa com 12 bombons. No primeiro dia comeu metade dos bombons da caixa. No segundo dia comeu metade do que sobrou na caixa. Quantos bombons sobraram para o terceiro dia? Quantos ele comeu no primeiro e no segundo dia?

---

33 Adaptação prova Canguru https://www.cangurudematematicabrasil.com.br/prova-2018.html

34 https://www.cangurudematematicabrasil.com.br/prova-2018.html

**Comentário para o professor**

Os problemas devem ser trabalhados a partir de material de manipulação, no caso do cofrinho os alunos já têm as moedas da atividade anterior. Lembrar que o problema pede número de moedas e não o valor, o cálculo do valor pode ser uma outra questão, aqui temos adição sucessivas de moedas. Nos problemas dos pirulitos temos a ideia de subtração sucessivas, ou seja, quantos 5 cabem em 36, cabem 7 e sobra 1.

No problema das bandeirinhas o professor traz papéis de três cores diferentes, pede para os alunos fazerem os recortes como é pedido no problema e conta o número de bandeirinhas obtidas. Não tem importância as bandeirinhas terem tamanhos diferentes o problema pede o número. Estamos trabalhando a noção de razão, a metade. O mesmo ocorre no problema dos bombons: metade da caixa e depois metade do que ficou na caixa.

### Atividade de investigação

A seguir propomos uma atividade de investigação que o professor pode adaptá-la, caso a escola tenha como orientação didática fazer projeto durante o ano escolar. A atividade está apoiada na habilidade que é prevista para o terceiro ano.

**Habilidade a ser desenvolvida:**[35] Compreender a ideia de igualdade para escrever diferentes sentenças de adição ou de subtração de dois números naturais, que resultem na mesma soma ou diferença.

Para trabalhar essa habilidade propomos que o professor faça uma retomada da noção de medidas de peso, como na atividade a seguir.

Atividade 1. Identificar os pesos dos alunos e fazer uma tabela com os dados

Material: balança comum

35 BNCC – Base Nacional Comum Curricular, 2017 (EF03MA11)

**Orientação**

O professor primeiro retoma o padrão convencionado para medir pesos de pessoas o quilograma (Kg). Comenta que na realidade estamos medindo massa corporal.

Em seguida, com uma balança comum de determinar peso, verifica o valor do peso de cada aluno ou pede que esses se pesem na farmácia e anotem seu peso. Na sala de aula anota o peso dos alunos no quadro, em seguida agrupa numa tabela.

Por exemplo:

| Peso (Kg) | Número de alunos |
|---|---|
| Menor que 18 | |
| Entre 18 e 22 | |
| Entre 22 e 25 | |
| Maior que 25 | |

Atividade 2. Reconhecer que a igualdade não se altera quando adicionamos ou subtraímos uma mesma quantidade em ambos os lados (direita e esquerda).
Material: folha com os desenhos de gangorras e tabela para o registro

**Orientação**

O professor organiza os alunos em duplas, distribui a folha com os desenhos e propõe as questões:

a. Em qual das figuras a gangorra está em equilíbrio? Justifique com palavras.

b. Na figura 1 a gangorra está desiquilibrada, pende para a esquerda, por quê? Justifique com palavras.

c. Se uma criança se sentar junto com o menino na figura 3 o que pode acontecer?

d. Se o menino na balança 3 tem 18 Kg e a menina tem 20 kg. Qual deve ser os pesos de duas outras crianças que ao se sentarem juntas com o menino e com a menina a gangorra fique em equilíbrio? Registre algumas possibilidades

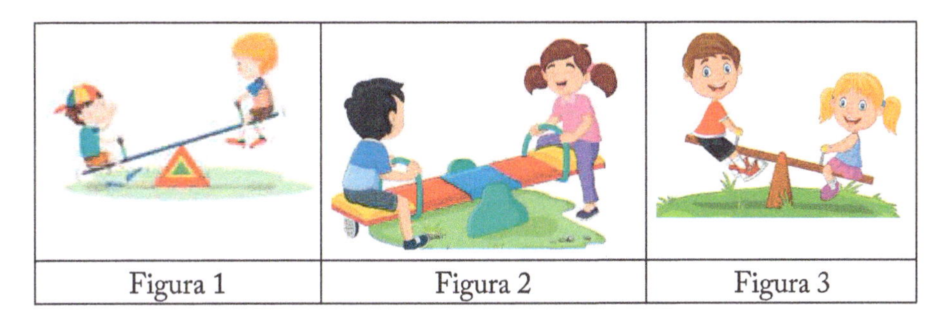

| Figura 1 | Figura 2 | Figura 3 |
|---|---|---|

O professor apresenta uma das possibilidades como, se a criança que se sentar com o menino pesar 19 Kg e a criança que se sentar com a menina pesar 17 kg a gangorra vai ficar equilibrada, pois 18 +19 = 20 + 17 = 37.

Alternativas:

a. 18 +..... = 20 + 19

b. 18 + 21 = 20 + ....

**Comentário para o professor**

A atividade pode ser feita no pátio da escola, se tiver uma gangorra ou o professor pode improvisar com banco. Os alunos se sentam um por um em cada lado da gangorra, com as informações de seus pesos da atividade anterior e anotam quando ela fica em equilíbrio e quando pende para um dos lados.

Observação: os alunos não podem empurrar com o pé porque cria uma força e estamos medindo pesos.

**Jogo cinco em linha**

O objetivo é apresentar de forma lúdica a ideia de igualdade para escrever diferentes sentenças de adições de dois números naturais, que resultem na mesma soma.

Material: uma planilha com duas tabelas, uma menor (quadrado de escolha) outra maior (quadrado do jogo), lápis colorido e papel ou caderno para os cálculos.

**Regras do jogo**

Os jogadores em duplas recebem uma planilha e dois lápis de cores diferentes. O primeiro jogador da dupla escolhe dois números na tabela de escolha, faz a adição no papel ou caderno e diz em voz alta os dois números, a soma e marca, com o seu lápis, por exemplo vermelho, na tabela maior o resultado. O outro jogador faz o mesmo, marca com o seu lápis, por exemplo azul. Se na tabela maior aparecer duas vezes o mesmo resultado só pode marcar um. Se o jogador errar ou fizer uma soma já marcada passa a vez.

Vence o jogo aquele que marcar primeiro cinco números seguidos (cinco em linha) da tabela maior, na horizontal, vertical ou diagonal. Se nenhum jogador colocar cinco marcas em linha e a tabela ficar completa, ganha o jogo aquele que tiver colocado mais marcas.

**Tabuleiro de Escolha**

| | | |
|---|---|---|
| 15 | 19 | 12 |
| 23 | 17 | 32 |
| 51 | 11 | 14 |

**Tabuleiro do jogo**

| | | | | | |
|---|---|---|---|---|---|
| 34 | 27 | 38 | 32 | 47 | 66 |
| 26 | 29 | 31 | 42 | 36 | 51 |
| 70 | 30 | 33 | 35 | 29 | 44 |
| 63 | 23 | 26 | 40 | 55 | 74 |
| 34 | 37 | 49 | 68 | 28 | 31 |
| 83 | 43 | 46 | 62 | 65 | 25 |

# CAPÍTULO 3

No quarto ano retomamos as ideias de regularidade, de generalização e de equivalência numa perspectiva de dar continuidade e de ampliar os conhecimentos algébricos e o uso da linguagem simbólica. O raciocínio proporcional uma das bases do pensamento algébrico é contemplado nas atividades que tem como objetivo estabelecer relações e comparações, entre grandezas e quantidades. Nesse ano a proporção é apresentada nas relações entre multiplicação e divisão, por meio de situações problemas, com a intenção de levar ao entendimento da situação, identificar a relação entre as grandezas envolvidas, como taxa, razão e fração, e fazer possíveis generalizações.

## QUARTO ANO DO ENSINO FUNDAMENTAL

Objetos do conhecimento: conceitos e procedimentos esperados para o 4º ano no currículo paulista:

- Identificação e descrição de regularidades em sequências
- Sequência numérica recursiva formada por múltiplos de um número natural
- Sequência numérica recursiva formada por números que deixam o mesmo resto ao ser divididos por um mesmo número natural diferente de zero
- Relações entre adição e subtração e entre multiplicação e divisão
- Propriedades da igualdade

Nesta proposta apresentamos também:

- Padrões em sequências geométricas como mosaicos
- A noção de proporcionalidade como razão, expressa por taxa e/ou escala.

**Habilidade a ser desenvolvida**[36]**:** Identificar regularidades em sequências numéricas compostas por múltiplos de um número natural, completando

36 BNCC – Base Nacional Comum Curricular, 2017 (EF04MA11)

sequências numéricas pela observação de uma dada regra de formação dessa sequência.

Atividade. Identificar regularidades em sequências numéricas compostas por múltiplos de um número natural.

Material: quadro numérico e lápis colorido.

### Orientação

O professor distribui o quadro numérico para os alunos organizados em duplas e os lápis coloridos e pede para que observem o quadro e pintem seguindo a proposta.

- Pinte de vermelho todos os múltiplos de 2
- Pinte de azul todos os múltiplos de 3
- Pinte de verde todos os múltiplos de 4 e assim por diante

Após pintar todos os múltiplos propõe que:

- Registrem as regularidades que foram identificadas.
- Verifiquem se há números que não foram pintados? Se sim, quais e por quê.

| 1 | 2 | 3 | 4 | 5 | 6 | 7 | 8 | 9 | 10 |
|---|---|---|---|---|---|---|---|---|---|
| 11 | 12 | 13 | 14 | 15 | 16 | 17 | 18 | 19 | 20 |
| 21 | 22 | 23 | 24 | 25 | 26 | 27 | 28 | 29 | 30 |
| 31 | 32 | 33 | 34 | 35 | 36 | 37 | 38 | 39 | 40 |
| 41 | 42 | 43 | 44 | 45 | 46 | 47 | 48 | 49 | 50 |
| 51 | 52 | 53 | 54 | 55 | 56 | 57 | 58 | 59 | 60 |
| 61 | 62 | 63 | 64 | 65 | 66 | 67 | 68 | 69 | 70 |
| 71 | 72 | 73 | 74 | 75 | 76 | 77 | 78 | 79 | 80 |
| 81 | 82 | 83 | 84 | 85 | 86 | 87 | 88 | 89 | 90 |
| 91 | 92 | 93 | 94 | 95 | 96 | 97 | 98 | 99 | 100 |

**Comentários para o professor**

É importante discutir os resultados apresentados pelos alunos reescrevendo os múltiplos pedidos. Veja alguns iniciais e suas relações.

$M_2$: {2, 4, 6, 8........... 100}

$M_{3:}$ {3, 6, 9,12.............99}

$M_6$: {6,12,18,24..........96}

$M_{5:}$ {5, 10, 15, 20.......100}

$M_{10}$: {10, 20, 30, ........100}

O professor observa que os múltiplos de 6 são também múltiplos de 2 e 3 e os múltiplos de 10 são também múltiplos de 5. Apresentamos apenas alguns, na sala de aula o professor explora outras relações com a contribuição dos alunos.

Verifica que os números múltiplos estão numa razão, ou seja, se dividirmos cada número de uma sequência pelo primeiro termo temos uma sequência numérica de números naturais menos o zero. Veja:

$M_{2:}$ {2, 4, 6, 8......} dividir cada termo pelo primeiro, o 2 temos {1, 2, 3, 4.....}

$M_3$: {3,6,9,12........} dividir cada termo pelo primeiro, o 3 temos {1, 2, 3, 4 ....}

Ressalta que esses números pintados podem ter dois ou mais divisores. Por exemplo, o número 66 pode ser divisível por: 2, 3, 11, 33 e 66. Lembrar que todo número é divisível por ele mesmo.

Comenta que o zero é um dos múltiplos de todos os números, pois zero vezes qualquer número é zero, mas não aparece na solução porque não está no quadro.

Os números que não foram pintados são denominados de números primos, pois só são divisíveis por ele mesmo e pela unidade. O número 1 tem apenas um divisor positivo. Não pode ser escrito como um produto de dois ou mais fatores, então também não é composto. Zero também não é um número primo ou composto. Zero tem infinitos divisores.[37]

---

37 http:// mathforum.org/library/drmath/view/57036.html acesso em: junho 2020. ITACARAMBI, R. *Prática de Ensino de Números*. GCIEM, p. 41, 2019.

**Habilidade a ser desenvolvida:**[38] Reconhecer por meio de investigação as relações inversas entre as operações de adição e de subtração e de multiplicação e de divisão, para aplicá-las na resolução de problemas.

O trabalho com essa habilidade começa com algumas situações lúdicas, como na atividade 1 relacionar adição e subtração e na atividade 2 relacionar multiplicação e divisão. O professor vai encontrar outras em revistas infantis e jogos.

Atividade 1. Reconhecer por meio de cálculo as relações entre a adição e subtração.

Material: a folha com o diagrama e operações.

### Orientação

O professor distribui as folhas e propõe a situação problema: Qual número deve ser escrito na casa com o ponto de interrogação, depois que todos os cálculos forem feitos corretamente?[39]

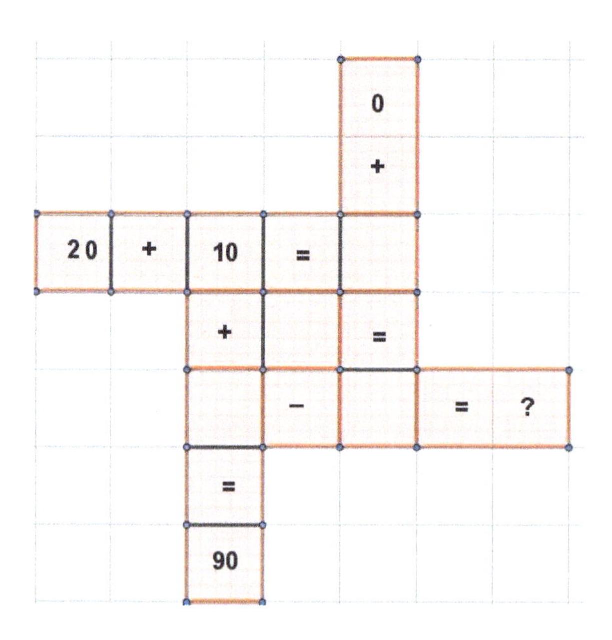


38 BNCC – Base Nacional Comum Curricular, 2017 (EF04MA13)

39 https://drive.google.com/file/d/1vh6zRmfMyniUrTukLyAlUqD2gTjlsV47/view

Atividade 2. Reconhecer, por meio de investigações, as relações entre a multiplicação e a divisão.

Material: O diagrama a seguir e as regras de preenchimento[40]

Regras:

- Se você vai a direita tem que dividir por 3 ⟶
- Se vai a esquerda tem de dividir por 2 ⟵
- Se seguir a direção ↙ multiplica por 3
- Se seguir a direção ↘ multiplica por 2

Vamos completar o diagrama

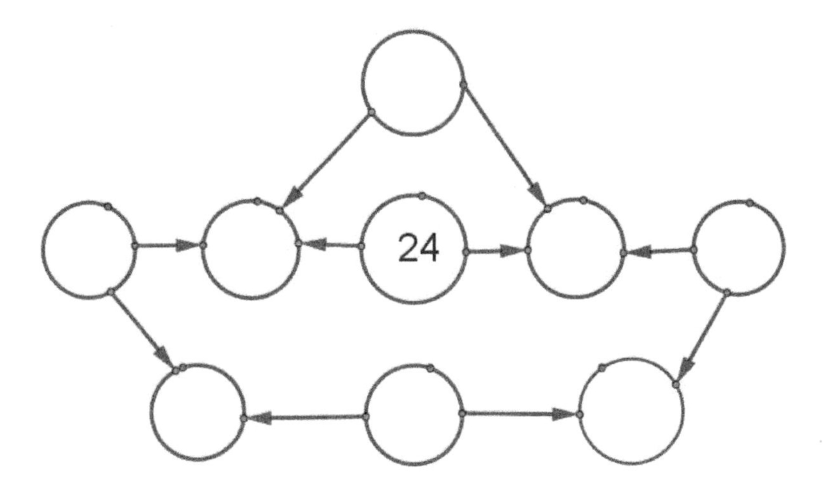


40 http://mopm.mat.uc.pt/MOPM/Problemas/index.php?tipoMenu=provas4ano, acesso 2019

**Comentário para o professor**

Na atividade 1 o aluno precisa ir completando o caminho fazendo as operações de adição e/ou subtração para chegar ao resultado.

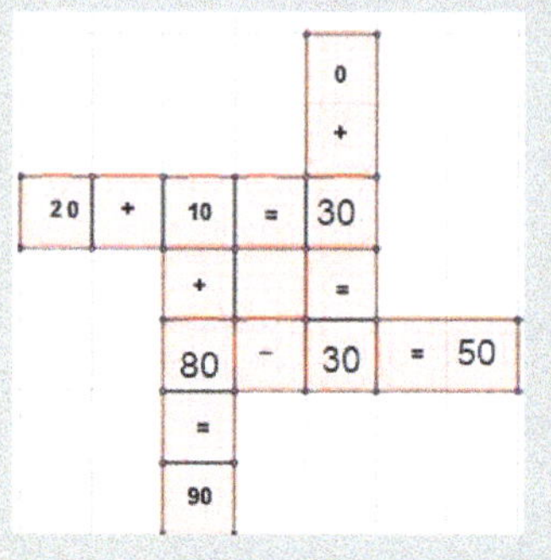


Atividade 2 é um caminho com operações de divisão e multiplicação,

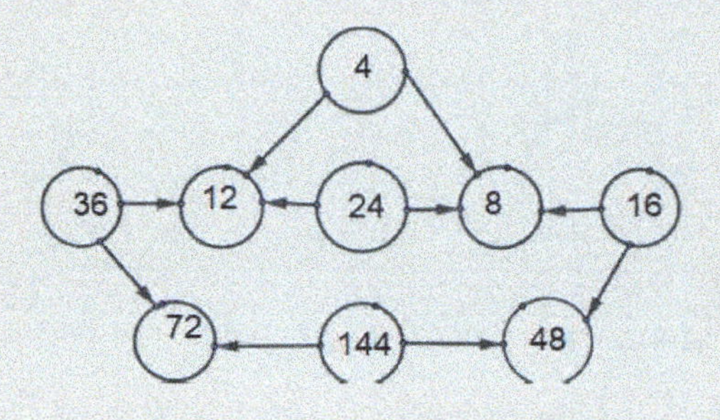


Atividade 3. Reconhecer, por meio de investigações, as relações entre as operações: adição, subtração, multiplicação e a divisão.

As cinco figuras geométricas no diagrama escondem os números 1, 2, 3, 4 ou 5, de modo que os cálculos indicados por cada uma das duas setas sejam corretos. Descubra o número de cada figura.

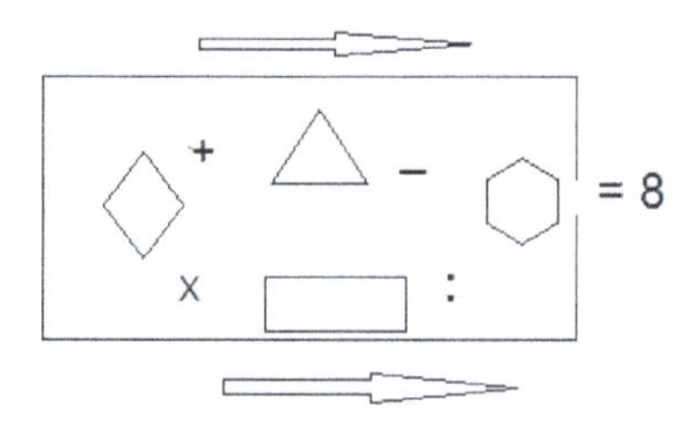

**Comentário para o professor**

Atividade 3 é uma continuação das anteriores pelo seu aspecto lúdico, descobrir números, dando a liberdade ao aluno de tentar alternativas, preparando para o trabalho com variações.

Veja a solução:

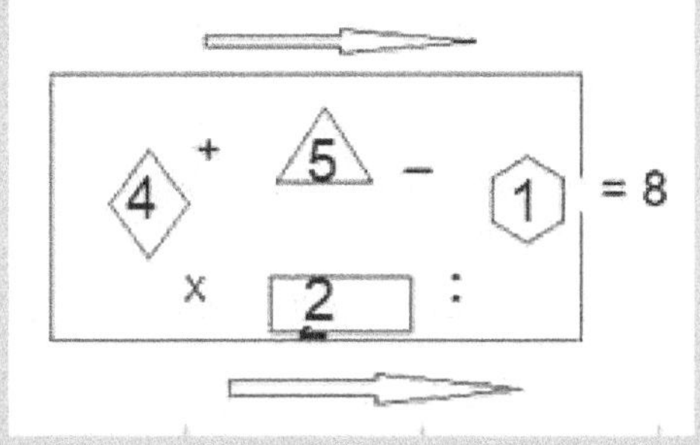


Observe que o 3 não está na solução, pois o enunciado diz: números 1, 2, 3, 4 ou 5.

Atividade 4. Utilizar as operações: adição, subtração, multiplicação ou divisão e suas relações para resolver as situações problema.

Material: a relação de situações problema selecionadas de avaliações institucionais e adaptadas.

### Orientação

O professor distribui os problemas e pede que os alunos experimentem resolver individualmente. Após algum tempo ele pode agrupar os alunos em duplas ou trios para que discutam suas soluções e faz a síntese na sala de aula.

### COMPUTADOR[41]

| 1 | 2 | 3 |
|---|---|---|
| | | |
| | | |

41 Adaptação: TOWNSEND, C. B. *O livro dos Desafios*, Ediouro, 2004, p. 77.

O computador tem de colocar os números da tabela de forma que o valor da segunda fileira horizontal seja a primeira mais o dobro do valor dela, e o da terceira fileira seja a primeira mais o triplo do valor dela. Escreva a nova tabela.

**TABULEIRO**

João tem o seguinte tabuleiro com 8 quadradinhos.

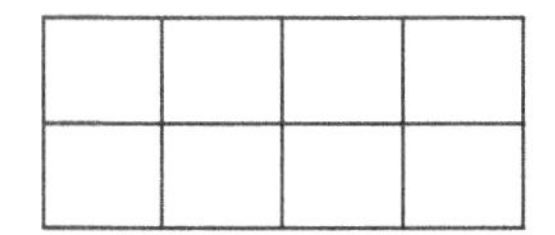

Ele precisa fazer um novo tabuleiro que tenha o dobro de quadradinhos desse.

Quantos quadradinhos deverá ter no novo tabuleiro? Quais são as possíveis representações desse novo tabuleiro?

Agora se precisar fazer um tabuleiro com a metade dos quadradinhos do inicial.

Quantos quadradinhos deverá ter? Quais as possíveis representações desse novo tabuleiro?

**Comentário para o professor**

A solução do problema COMPUTADOR:

| 1 | 2 | 3 |
|---|---|---|
| 1+2 | 2+4 | 3+6 |
| 1+3 | 2+6 | 3+ 9 |

O objetivo desse problema é relacionar adição com a multiplicação aqui apresentada como dobro e triplo.

A solução do problema TABULEIRO:

O dobro do número de quadradinhos é 16. Tem 5 representações possíveis.

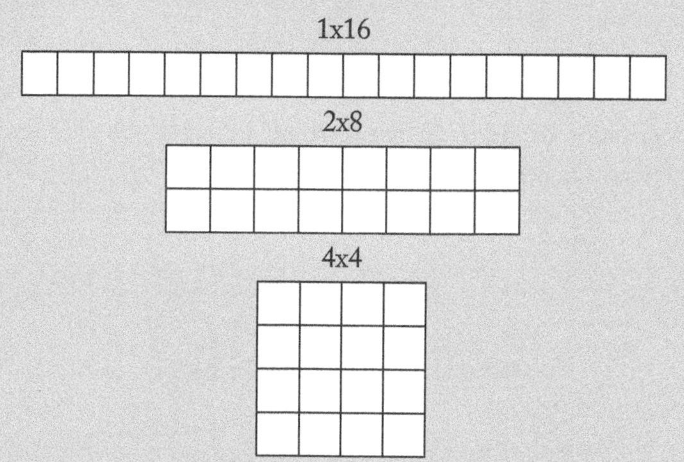


O professor observa que as outras duas representações são as colunas 16x1 e 8x2 e que a coluna 4x4 é igual a posição anterior.

Para fazer um tabuleiro com a metade dos quadradinhos precisará de 4. Tem 3 possíveis representações: 2x2, 1X4 e 4x1.

O objetivo desse problema é relacionar a multiplicação como uma proporção dobro e a divisão como uma razão parte de um todo metade. Explorar as diferentes representações na multiplicação e divisão.

**MESAS DO RESTAURANTE**

As mesas do restaurante BOACOMIDA são quadradas e em cada uma cabem quatro cadeiras. Quando duas mesas estão juntas, há lugar para seis cadeiras, como na figura abaixo. Para um almoço com 11 pessoas, quantas mesas formando uma única fila os garçons deverão colocar. Faça a representação desta fila.

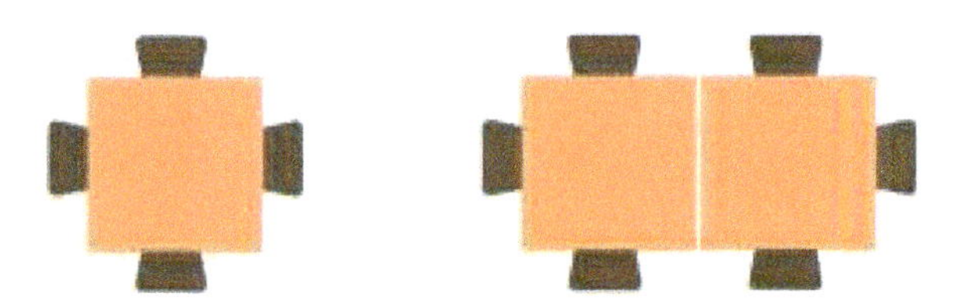

No início do almoço chegaram mais três pessoas, mas não dá para colocar mais mesas na fila, que outras configurações são possíveis e quantas mesas serão necessárias.

**PESOS**[42]

Os seis pesos da figura foram separados de dois em dois e colocados em três gavetas. Os pesos da primeira gaveta somam 9 gramas e os pesos da segunda gaveta somam 8 gramas. Quais são os pesos da terceira gaveta e sua soma?

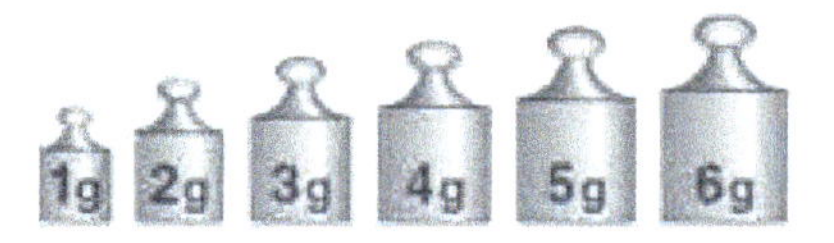


42 OBMEP questão 9 da prova PNA 2019.

**Comentário para o professor**

O problema de Mesas do Restaurante, distribuir 11 pessoas nas mesas, observe que para 6 pessoas preciso de 2 mesas, então para 10 preciso de 4 mesas, para 11 pessoas preciso de 5 mesas e sobra um lugar. Quando chega mais 3 pessoas e não posso colocar na fila vou precisar de mais uma mesa.

Veja uma representação

O problema Pesos, formar adições equivalentes aos números dados, então para dar 9 gramas posso escolher 5 e 4 ou 6 e 3 , mas se escolher 6 e 3, não tenho dois outros cuja soma seja 8. Então os pesos são: 5 + 4 =9, 6 + 2=8, 3 + 1=4

**Habilidade a ser desenvolvida:**[43] Reconhecer, por meio de investigações, que há grupos de números naturais para os quais as divisões por um determinado número resultam em restos iguais, identificando regularidades.

Atividade[44] – Verificar sequência numérica recursiva formada por números que deixam o mesmo resto ao serem divididos por um mesmo número natural diferente de zero.

Material: Várias sequências escolhidas pelo professor e outras criadas pelos alunos

**Orientação**

O professor apresenta as sequências e pede que identifiquem o padrão

43 BNCC – Base Nacional Comum Curricular, 2017 (EF04MA12)

44 Idem 43.

Observação, o professor verifica se os alunos sabem o que é uma sequência e padrão, caso seja necessário retoma as ideias estudadas nos anos anteriores.:

a. **0,2,4,6,8,10.........**

b. **1,3,5,7.......**

Com os resultados dos alunos discute que as sequências são recursivas e cada termo é igual ao anterior mais 2, o padrão é somar 2.

- Em seguida propõe que dividam cada número (termo) da primeira sequência por 2 a partir do segundo, registrem as operações, verificando que o valor do resto da divisão é sempre zero.
- Fazer o mesmo com a segunda sequência, dividir por 2 a partir do segundo termo e verificar que o resto é sempre 1.

Conversar com os alunos que a primeira é uma sequência de números pares e a divisão de qualquer número par por 2 resulta sempre resto zero. Os números pares são múltiplos de 2. Já a segunda é uma sequência de números ímpares e dividir qualquer número ímpar por 2 resulta resto 1.

Após estas observações o professor coloca as sequências e as questões.

a. **3,7,11,15........**

b. **2,8,14,20........**

Identificar o padrão em cada uma das sequências.

Em seguida a partir do 2º termo dividir cada uma pelo seu padrão identificando e registrando as divisões e os restos.

Escrever o 8º e o 10º termos de cada uma das sequências, verificando os restos das divisões.

Sugerimos que o professor escreva com os alunos as sequencias até o 10º termo

**Comentário para professor**

As duas primeiras sequências têm como padrão a adição de 2 unidades a cada termo. Entretanto se dividirmos cada termo por 2 na primeira sempre dá resto zero e na segundo sempre resto 1.

O professor retoma a noção de divisão e seu algoritmo. Veja as tabelas:

Primeira sequência

| termos | 1º | 2º | 3º | 4º | 5º | 6º |
|---|---|---|---|---|---|---|
| Números | 0 | 2 | 4 | 6 | 8 | 10 |
| Dividido por 2 e resto 0 | | 2: 2=1 +0<br>2x1=2 | 4:2 =2 +0<br>2x2=4 | 6:2 =3+0<br>3x2=6 | 8:2=4+0<br>4x2=8 | 10:2=5+0<br>5x2=10 |

A segunda sequência

| termos | 1º | 2º | 3º | 4º | 5º | 6º |
|---|---|---|---|---|---|---|
| Números | 1 | 3 | 5 | 7 | 9 | 11 |
| Dividir por 2 e resto 1 | | 3:2=1 +1<br>2x1 +1 =3 | 5:2 =2 +1<br>2x2 +1=5 | 7:2 =3 +1<br>3x2 +1=7 | 9:2 =4 +1<br>4x2 =1=9 | 11:2=5 +1<br>5x2+1=11 |

A primeira é uma sequência de números pares que divididos por 2, tem resto zero. O professor conversa com os alunos mostrando que é possível generalizar, observando a tabela, pois cada termo é multiplicado por 2 ou escrevendo que a sequência de números pares é dada por 2 x o número natural (n).

A segunda é uma sequência de números ímpares que divididos por 2, tem resto 1, para generalizar observa que cada número ímpar da tabela é o um número par mais 1, ou seja, 2 x o número natural (n) mais 1.

A terceira sequência tem como padrão a adição de 4 unidades a cada termo, e dividindo cada termo por 4 a partir do segundo o resto é sempre 3. Usando o algoritmo da divisão temos:

7 = 4x1 +3, 11 = 4x2 +3, 15= 4x3 =3 e assim por diante.

Escrevendo o 8º termo e o 10º termo, o aluno já sabe que o resto é 3 e os valores são 31 e 39, onde 31-3= 28 e 28 :4 =7 e 39-3= 36 e 36:4 = 9.

A quarta sequência tem como padrão a adição de 6 unidades a cada termo, dividindo cada termo por 6 a partir do segundo o resto é sempre 2. O aluno já sabe que 8º termo e o 10º termo, tem resto 2 e os valores são 50 e 62.

Essas são sequências que deixam o mesmo resto quando, seus termos são divididos por um mesmo número natural diferente de zero, se enquadram no conceito de sequências **recursivas.**

Após as explicações o professor pode pedir para os alunos criarem sequências numéricas recursivas formada por números que deixam o mesmo resto ao serem divididos por um mesmo número natural diferente de zero.

**As relações entre o pensamento aritmético e o pensamento algébrico.**

O Currículo Paulista[45] faz referência às relações entre as operações aritméticas que são contempladas com habilidades que integram álgebra e aritmética, uma vez que as propriedades fundamentais entre as operações e suas inversas são essenciais para o cálculo. A compreensão dessas relações nos anos Iniciais e sua generalização precisam ser trabalhadas em situações problemas que levem a uma notação simbólica com significado, de modo que elas sejam utilizadas em cálculos algébricos nos anos seguintes.

A investigação de regularidades na aritmética está contemplada nas atividades que selecionamos com o objetivo de desenvolver as habilidades esperadas para o 4º ano na construção do pensamento algébrico. Entretanto, é importante que o professor perceba que o trabalho com as propriedades das operações leva ao desenvolvimento de diferentes estratégias de cálculo. Veja nossas considerações no quadro explicando.

45 Currículo Paulista (SEESP, 2019. p.218),

**Explicando**

No estudo da Aritmética os alunos já verificaram que somar dois números, por exemplo: 5+ 7 é igual a 7 + 5 e esta relação vale para qualquer par de números naturais, ou seja, $a + b$ é igual a $b + a$, para quaisquer números naturais $\boldsymbol{a}$ e $\boldsymbol{b}$.

Podemos então escrever $a + b = b + a$, para quaisquer números naturais $\boldsymbol{a}$ e $\boldsymbol{b}$. Neste caso, temos uma relação de igualdade associada à operação de adição (que se designa por "propriedade comutativa" da adição).

Observamos que a multiplicação de números naturais é também comutativa.

Podemos escrever: $a \times b = b \times a$, para quaisquer números naturais $\boldsymbol{a}$ e $\boldsymbol{b}$.

Mas o mesmo já não acontece para as respectivas operações inversas, subtração e divisão, como os alunos podem verificar em exemplos numéricos.

Então para qualquer par de números naturais diferentes (a ≠ b) se tem:

$a - b \neq b - a$ *ou* $a : b \neq b : a$ ( b dividido por a)

Sugerimos que o professor apresente alguns desafios que utilizem a propriedade comutativa e em seguida a propriedade distributiva.

Esta generalização das propriedades não é citada na BNCC, mas é objeto de discussão no artigo de Matos, Silvestre e Ponte (2008) sobre o desenvolvimento do pensamento algébrico que é o objetivo principal desta publicação[46].

As escritas $\mathbf{a}_n = \mathbf{2 x n}$ para os pares e $\mathbf{a}_n = \mathbf{2 x n + 1}$, para os números ímpares, nesse momento devem ser comentadas pelo professor e apresentadas como a linguagem simbólica da matemática para representar a generalização. Após esta explicação o professor sempre que solicitar generalização precisa retomar esta explicação de modo que os alunos comecem a utilizá-la com compreensão.

---

46 MATOS, A., SILVESTRE, A. I., BRANCO, N., & PONTE, J. P. Desenvolver o pensamento algébrico através de uma abordagem exploratória. *In*: LUENGO-GONZÁLEZ, R.; GÓMEZ-ALFONSO, B.; CAMACHO-MACHÍN, M. & NIETO, L. B. (Eds.). *Investigación en educación matemática XII* (pp. 505-516). Badajoz: SEIEM, 2008.

Atividade 1. Generalizar a propriedade comutativa da operação de multiplicação.

Material: a relação de situações problema selecionadas e adaptadas para atender o tema.

### Orientação

O professor distribui os problemas e pede que os alunos experimentem resolver individualmente. Após algum tempo ele pode agrupar os alunos em duplas ou trios para que discutam suas soluções e faz a síntese na sala de aula.

### Caixa de ovinhos

Observar a caixa e calcular a quantidade de ovinhos que estão representados nesta caixa

### Campo de futebol

Na cidade onde Lucas mora tem 4 campos de futebol. No sábado houve o campeonato de futebol, com os times das cidades vizinhas. Em cada campo jogaram 3 times de 11 jogadores. Quantos jogadores estiveram nos campos nesse dia?

### Área por quadradinhos

Verificar as possíveis maneiras de calcular a área, em quadradinhos, da figura.

**Comentário para o professor**

Algumas possíveis soluções dos alunos para o problema Ovinhos de Páscoa.

Um conta um por um, outro faz 9 ovinhos na horizontal vezes 3 ovinhos na vertical e outro faz 3 ovinhos na vertical por 9 ovinhos na horizontal.

Resultado 9x3=3x9 = 27 ovinhos.

No problema do Campeonato, alguns alunos fizeram primeiro 3 x11=33 para saber o número de jogadores dos times em cada campo e depois 33 x4 para saber o total de jogadores. Outros fizeram 4x11=44 para saber os jogadores que estavam nos campos e depois 44 x 3=132 para saber o total de jogadores.

Resultado 3x11x4 = 4x11x3 = 132 jogadores

O problema área de quadradinhos tem como objetivo apresentar a operação de multiplicação no cálculo de áreas de retângulos, formalizando lado (a) por lado (b). Área da figura: A = a x b = b x a

Discutir a vantagem da operação de multiplicação, principalmente quando temos grandes quantidades e que podemos escrever a propriedade comutativa em linguagem simbólica, ou seja, que quaisquer que sejam os números a, b, c, naturais vale a igualdade:

a x b x c =b x c x a = a x c x b

Atividade 2. Generalizar a propriedade comutativa da adição, cálculo mental ou calculadora.

Material: Fichas com operação de adição em quantidade suficiente para os alunos da classe e calculadora. Os números das fichas poderão ser de 3 dígitos dependendo do desenvolvimento dos alunos. Exemplo a seguir.

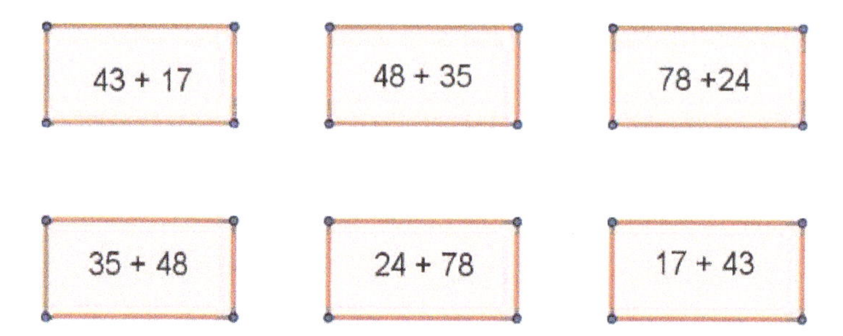


**Orientação**

O professor distribui uma ficha para cada aluno e pede para efetuarem a operação registrada, podendo usar a calculadora.

Atenção as fichas devem ter a operação com as parcelas em posições diferentes, fazer a síntese dos resultados no quadro registrando por exemplo que: $43 + 17 = 17 + 43$, pela propriedade comutativa da adição.

Generalizar: $a + b = b + a$, para quaisquer números naturais a e b. Verificar que na subtração isto não ocorre.

Uma variação dessa atividade é colocar 3 ou mais números em cada ficha, tendo o cuidado de registrar todas as parcelas para o grupo, por exemplo as fichas

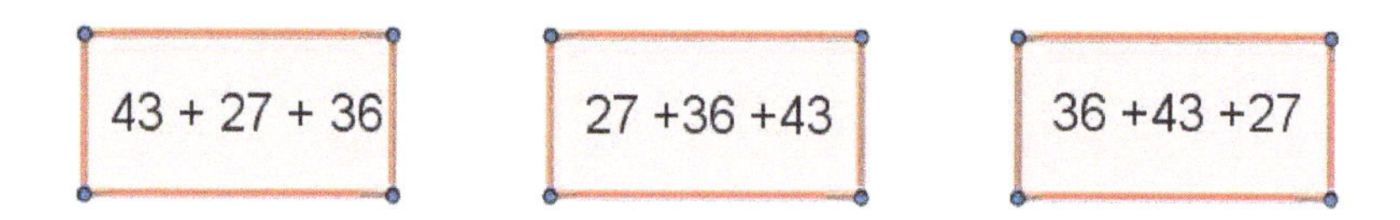


Generalização, dados três números naturais a, b, c vale a propriedade comutativa: $a + b + c = b + c + a = c + b + a$

Atividade 3. Generalizar a propriedade comutativa da multiplicação.

Material: Fichas com operação de multiplicação em quantidade suficiente para os alunos da classe, os números das fichas poderão ser de 3 dígitos dependendo do desenvolvimento dos alunos e calculadora.

Exemplos a seguir

**Com dois fatores**

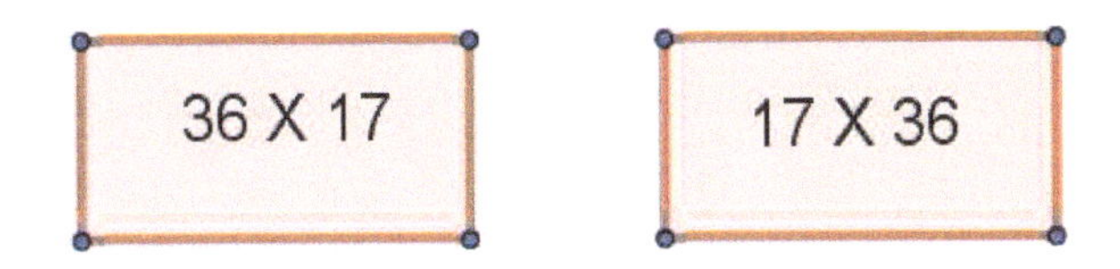


**Com três fatores**

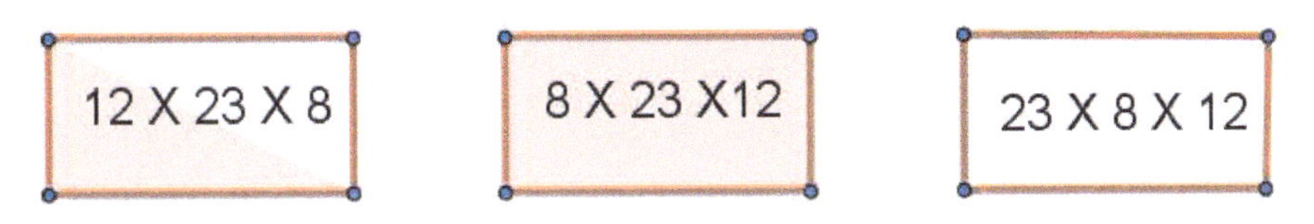


**Orientação**

O professor distribui uma ficha para cada aluno e pede para efetuarem a operação registrada, podendo usar a calculadora.

Atenção as fichas para a sala de aula devem ter a operação com os fatores nas duas ou mais posições dependendo do número de fatores. Fazer a síntese dos resultados registrando no quadro.

> Por exemplo: 36 x 17 = 17 x 36, pela propriedade comutativa da multiplicação. Generalizar: $a \times b = b \times a$, para quaisquer números naturais a e b. Verificar que na divisão isto não ocorre.

Atividade 3. Generalizar a propriedade distributiva da multiplicação em relação à adição: propriedade distributiva, cálculo mental ou calculadora.

Material: fichas com as operações de multiplicação e adição ou subtração. Calculadora.

**Exemplos**

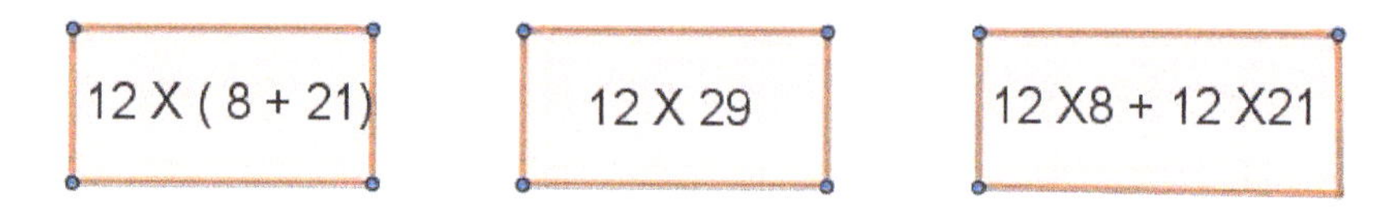


Após a síntese na sala de aula o professor generaliza a propriedade distributiva. Dados três números naturais a, b, c tal que a x (b +c) = a x b + a x c.

**Habilidade a ser desenvolvida:**[47] Identificar regularidades em sequências de números naturais envolvendo a operação de adição e determinar uma regra para os elementos que faltam.
Atividade 1. Escrever os elementos ausentes em sequências de números naturais, envolvendo a operação de adição.
Atividade 1.1. Escrever os elementos ausentes em sequências de números naturais, envolvendo a operação de adição no triângulo.
Material: folha impressa com o triângulo a seguir.

**Orientação**

Explicar para os alunos que neste triângulo cada número está relacionado com os números que estão acima dele, pedir para que descubram a regra e completem com os números que estão faltando.

47 Currículo Paulista (SEESP, 2019).

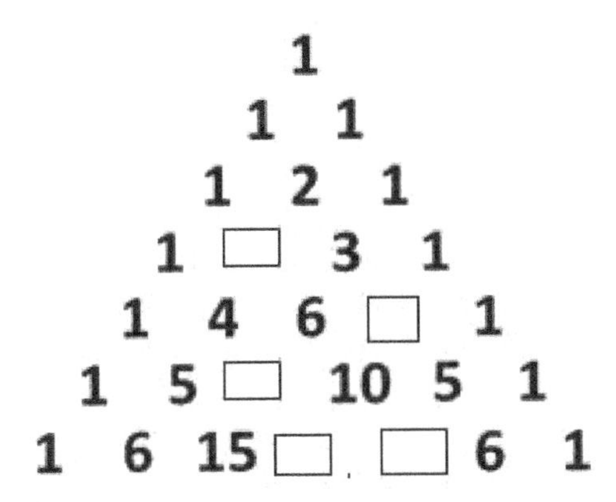


Atividade 1.2. Escrever os elementos ausentes nas sequências de números naturais, envolvendo a operação de adição no triângulo, cuja soma é um número dado.

Material: folha impressa com triângulo a seguir

**Orientação**

O professor distribui a folha para os alunos em dupla e pede para que completem os círculos com números de 1 a 9 de modo que em cada lado do triângulo a soma seja 23.

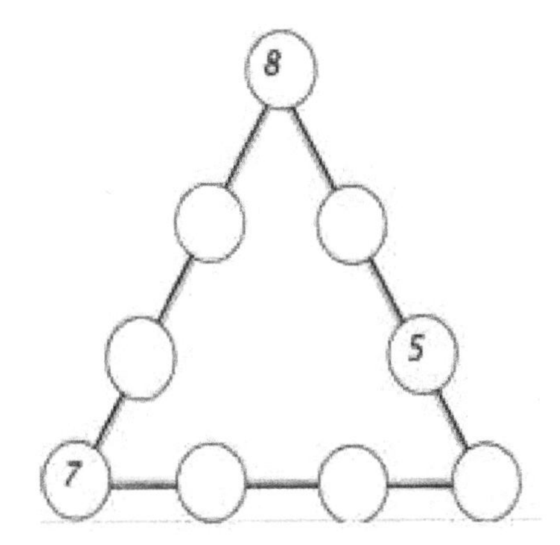

**Comentário para o professor**

Antes de apresentar as atividades 1.1 e 1.2 o professor precisa verificar se os alunos conhecem a figura geométrica triângulo e algumas de suas ideias como lados.

Na atividade 1.1 o professor mostra que em cada linha os números que estão faltando têm como regularidade serem a soma de dois da linha anterior, exemplo o 6 na quinta linha é resultado da soma de 3+3 da quarta linha. Este triângulo será retomado no 8º ano e é denominado triângulo de Pascal.

A atividade 1.2 é uma aplicação direta da propriedade associativa da adição e tem como resposta no sentido horário, começando pelo 7: 7,6,2,8,1,5,9,4,3

Atividade 1.3. Com a sequência numérica de 1 a 9, preencher o quadrado denominado mágico de modo que a soma na vertical, na horizontal e na diagonal seja 15.

Material folha impressa com o quadrado a seguir

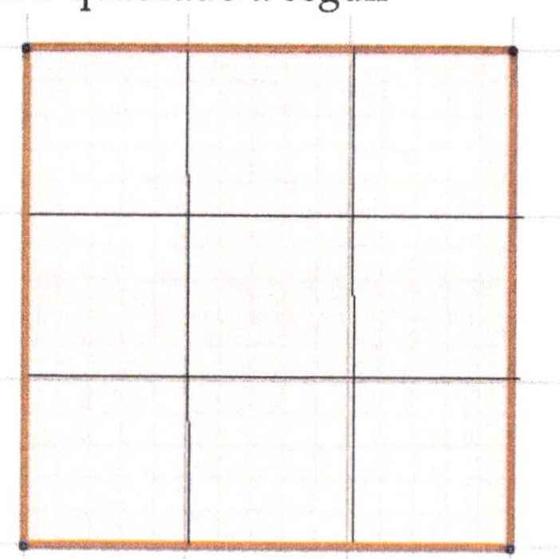

**Orientação**

O professor propõe que os alunos em dupla completem o quadrado com números de 1 a 9 de modo que a soma na vertical, na horizontal e na diagonal seja 15.

O professor retoma a noção da figura geométrica quadrado e seus lados. O quadrado apresentado é denominado quadrado mágico cuja origem explicamos no próximo bloco.

Analisando as soluções dos alunos e registrando no quadro, o professor discute as possibilidades de compor o número 15 com números de 1 a 9.

Veja a seguir as possíveis soluções.

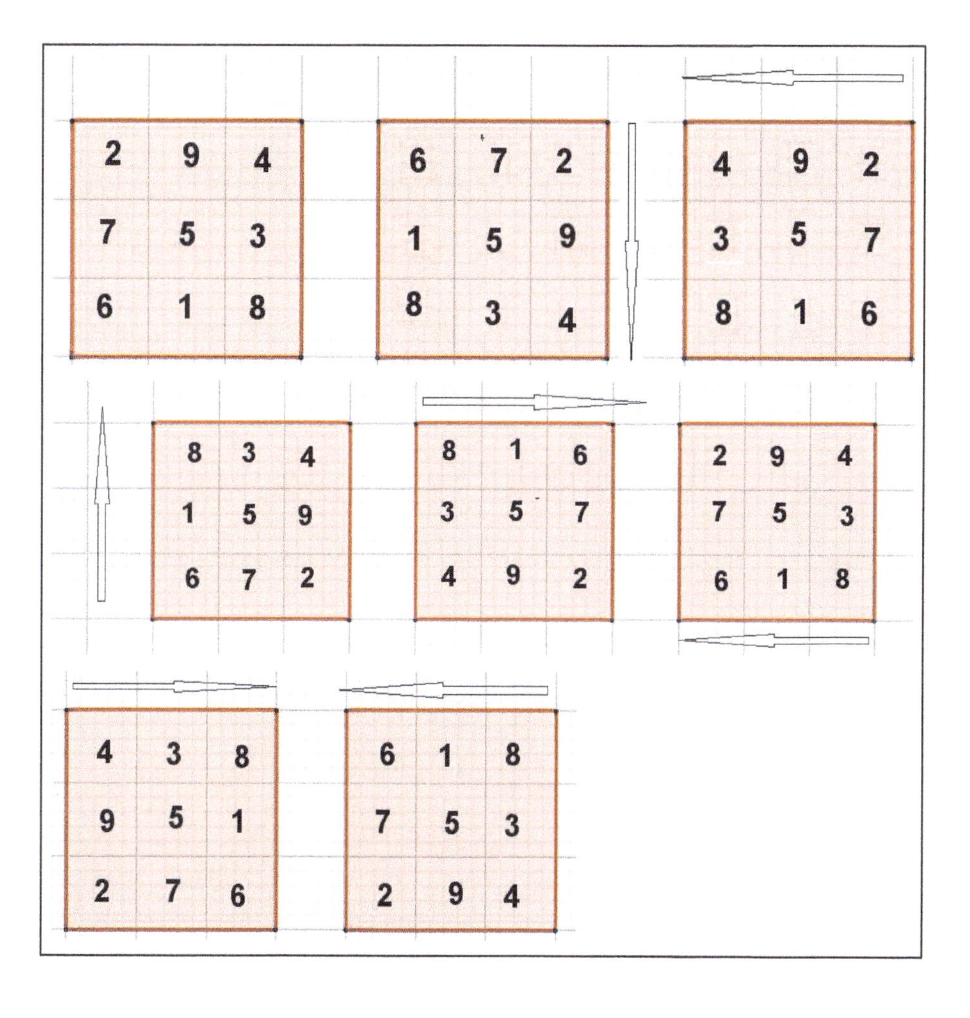

**Comentário para o professor**

Observe que todas as soluções têm o 5 no centro e as soluções são da primeira para a segunda a mudança da linha pela coluna, as flechas indicam os sentidos das mudanças, tendo como referencial o quadrado anterior.

Após esta apresentação e discussão das soluções, peça para os alunos somarem 9 unidades a cada número da sequência anterior e verifiquem o que acontece com a soma na vertical, na horizontal e na diagonal.

Apresentamos uma situação com a primeira solução, somando 9 nas linhas.

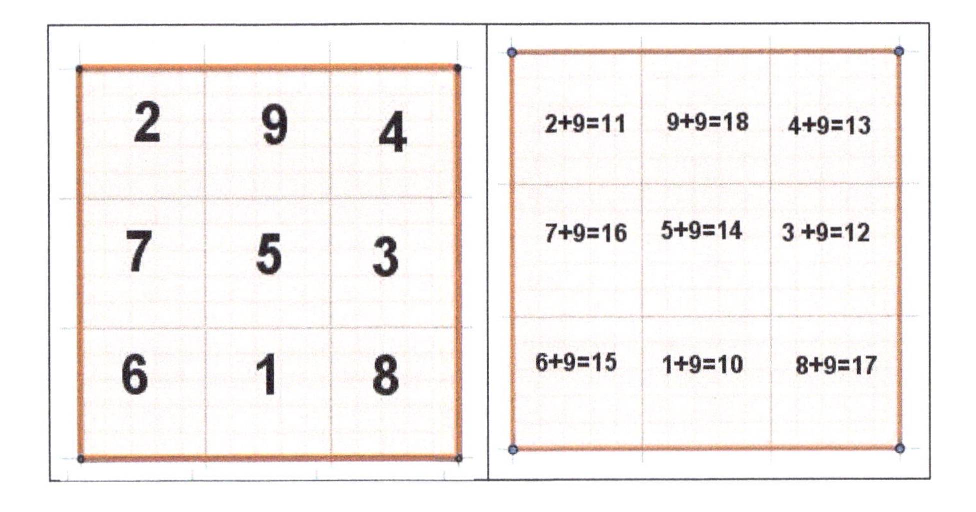

**Comentário para o professor**

O professor mostra que, ao somar 9 unidades em cada número da sequência das linhas e colunas, a soma destas fica 42 como mostramos na tabela. O professor pode pedir para os alunos experimentarem outros números.

Importante ressaltar que isso também acontece se subtrairmos uma mesma quantidade, por exemplo 3, mas como os alunos ainda não conhecem os números inteiros sugerimos que tome como referência o quadrado solução da atividade anterior. Vamos retomar esta atividade no 6º ano mostrando a generalização e sua relação como os números inteiros.

**Explicando**

**Origem do quadrado mágico**

Os quadrados mágicos constituem, desde épocas remotas, um desafio que fascina a todos. Acredita-se que os chineses foram os primeiros a descobrir as propriedades dos quadrados mágicos e provavelmente foram também os seus inventores. A história desses quadrados pode encontrar-se no livro chinês YIH KING, escrito há cerca de 3000 anos: conta a lenda que, enquanto meditava nas margens do RIO LO, o imperador da antiga China, chamado YU (2800 a.C.), da dinastia HSIA, viu emergir uma tartaruga - considerado um animal sagrado - com estranhas marcas no casco.

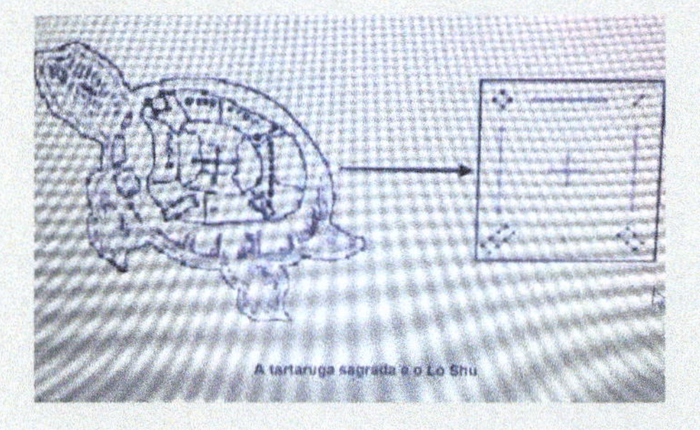
A tartaruga sagrada e o Lo Shu

Yu percebeu que as marcas na forma de nós, feitos num tipo de barbante, podiam ser transformadas em números e que todos eles somavam quinze em todas as direções, como se fossem algarismos mágicos[48].

**Habilidade a ser desenvolvida:** Apresentar a noção de proporcionalidade como razão de partes de um todo

Atividade 1. Calcular razões entre partes de um todo tomado como unidade

Material: situações problemas selecionadas e adaptadas das provas Canguru, OBMEP e livros didáticos

48 http://www.ipg.pt/user/~mateb1.eseg/doc/16semana/Quadrados

### Orientação

O professor distribui os problemas e pede que os alunos experimentem resolver individualmente. Após algum tempo ele pode agrupar os alunos em duplas ou trios para que discutam suas soluções e faz a síntese na sala de aula.

### Quadrado

Em qual quadrado na figura abaixo a razão entre a área da parte hachurada e a área do quadrado é a maior?

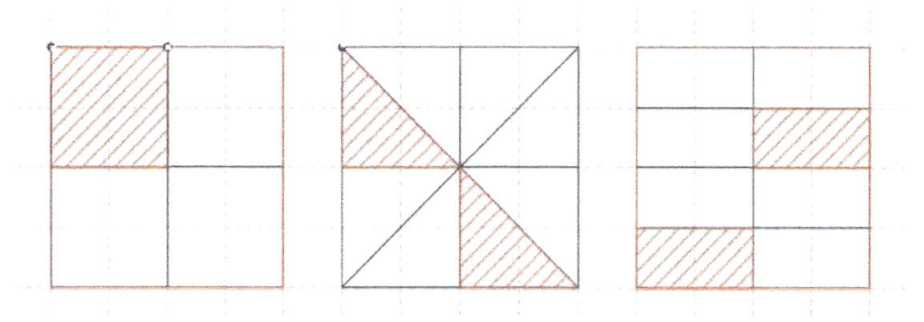

### WhatsApp

Foi criado um grupo no WhatsApp chamado Resolução de Problemas para estimular a criatividade do aluno durante a quarentena. Estão participando do grupo 36 alunos. No primeiro dia ¾ dos alunos resolveram o problema proposto. Já no segundo dia metade dos alunos acertaram o problema proposto. Quantos alunos acertaram a primeira questão e a segunda questão? Qual a porcentagem de alunos que acertaram os problemas no primeiro e no segundo dia?

Veja a solução da aluna R e a explicação da Profa. Simone

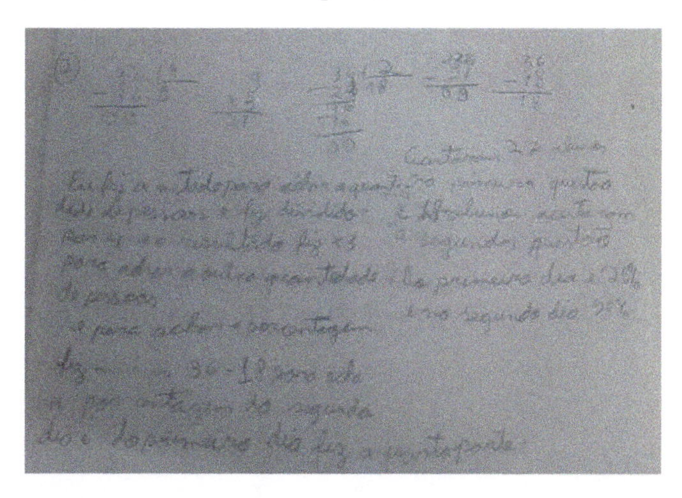

[49]Reescrevendo o texto do aluno mantendo sua escrita original.

*"eu fiz a metade para dar a quantidade de pessoas e fiz dividido por 4 e o resultado fiz vezes 3 para achar a outra quantidade de pessoas e para achar a porcentagem, fiz 36-18 para achar a porcentagem do segundo dia e do primeiro fiz a quarta parte.*

*Resultado: Acertaram 27 alunos a primeira questão e 18 alunos acertaram a segunda questão. No primeiro dia 25% e no segundo dia 50%"*

*Comentário da professora*

*O segundo desafio sobre O WHATSAPP a aluna conseguiu chegar na quantidade de alunos, mas na porcentagem ela conseguiu identificar que o segundo dia equivale a 50% e no primeiro dia ela deveria ter multiplicado 25% por 3.*

**COVID 19**

Em maio de 2020, uma cidade do interior registrou 126 casos de pessoas infectadas pelo vírus COVID 19, dessas 27 precisaram ser internadas. Um terço das pessoas internadas são mulheres. Quantas mulheres foram internadas? E quantos homens? Escreva em forma de fração seus resultados, colocando no numerador o número de mulheres e no denominador o número de infectados. Depois no numerador o número de homens e no denominador o número de infectados. Comparar as duas frações.

49 As atividades com os alunos foram feitas via ensino remoto, devido a pandemia e enviadas em fotos. Para tornar o texto legível estamos fazendo a transcrição das soluções mantendo a escrita do aluno.

**Comentário para o professor**

O problema Quadrado traz a noção intuitiva de área, assim é importante que o professor discuta com os alunos o que é área de uma figura plana. O aluno vai perceber que todas as regiões hachuradas tem a mesma área e a razão entre a parte hachurada e o quadrado é ¼.

O problema WHATSAPP tem como continuidade a ideia de razão entre a parte e o todo, a solução é apresentada pela aluna. Para achar a porcentagem propomos que o professor a apresente por meio da classe de equivalência cujo denominado é 100, ou seja, ½ = 50/100 e ¼ = 25/100 então ¾ = 75/100.

O problema sobre COVID 19 temos 1/3 de 27pessoas internadas: 9 mulheres. Homens 27 -9 = 18 homens. Fração: 9/126 mulheres para número de infectados, 18/126 homens para número de infectados. Comparando 18/126 > 9/126, o numerador é maior, então mais homens internados.

**Habilidade a ser desenvolvida:**[50] Determinar o número desconhecido que torna verdadeira uma igualdade que envolve as operações fundamentais com números naturais.

Material: problemas selecionados sobre o tema

Atividade 1. Calcular os valores numéricos das letras por meio da operação de adição.

**Valor numérico**

Calcular o valor numérico das letras: A, B, C, da tabela, de modo que a soma na vertical, na horizontal e na diagonal seja sempre a mesma.

| | | |
|---|---|---|
| 4 | A | 6 |
| 9 | 7 | B |
| C | 3 | 10 |

50 BNCC – Base Nacional Comum Curricular, 2017 (EF04MA15)

**Orientação**

O professor conversa com os alunos sobre o quadrado mágico que resolveram na atividade anterior, lembra que no quadrado mágico a soma é dada e era preciso distribuir os números nas linhas e colunas de modo que a soma fosse sempre a mesma. Agora coloca o desafio: dados os números na tabela será que podemos calcular os valores das letras A, B, C.

Organiza os alunos em duplas, monitora as discussões e as diferentes maneiras deles calcularem. Como fechamento pede para as duplas colocarem no quadro seus resultados, explicando os cálculos que utilizaram para chegar aos resultados.

Com a mesma orientação propõe o problema

**Soma dos vértices[51]**

a. A soma dos vértices de cada um dos quadradinhos é sempre o mesmo número 17, ou seja, C+4+5+3 = 17, o mesmo ocorre com os demais quadradinhos. Calcule o valor dos vértices A, B, C dos quadradinhos.

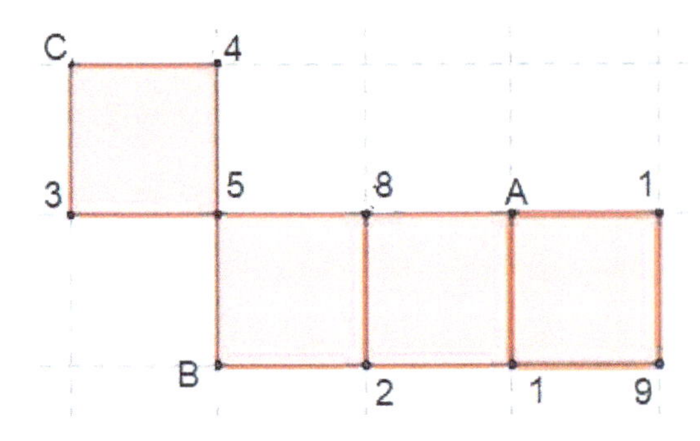


b. A soma dos vértices de cada um dos quadradinhos é sempre o mesmo número N. Descubra seu valor e calcule o valor dos vértices A, B, C dos quadradinhos.

51 http://mopm.mat.uc.pt/MOPM/Problemas/index.php?tipoMenu=provas4ano. Adaptação.

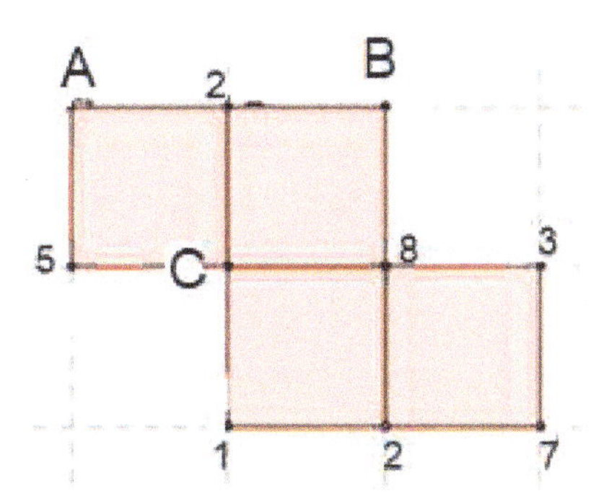


Atividade 2. Calcular os valores numéricos das letras da tabela de modo que o produto nas linhas e nas colunas seja sempre 576.
Material: a tabela a seguir.

**Orientação**

Agora o professor mostra que podemos criar tabelas com outras operações como a da multiplicação nessa atividade. Na tabela abaixo o produto dos números de cada linha e de cada coluna é sempre o mesmo valor 576. Calcular os valores numéricos das letras: X, Y, Z.

| 4 | 36 | X |
|---|---|---|
| Y | 2 | 36 |
| 18 | Z | 4 |

**Comentário para o professor**

Na atividade 1, valor numérico, os alunos, por meio da operação de adição, conhecendo que a soma dos valores numéricos nas linhas, nas colunas e nas diagonais são sempre iguais, precisam determinar os valores das letras. Então primeiro precisam achar o resultado da soma, para isso é preciso procurar uma sequência de valores onde não tem letra (valor desconhecido) que é a diagonal: 4 + 7 + 10 = 21. Sabendo o valor da soma 21, organiza as operações.

Assim temos:

| Linhas | Colunas |
|---|---|
| 4 +A + 6 = 21, | 4 + 9 + C= 21 |
| 9 +7 + B= 21 | A +7 + 3 = 21 |
| C + 3 +10 = 21 | 6+ B + 10 = 21 |
| Resultados: A = 11, B= 5, C= 8 | |

É importante o professor mostrar que nesta atividade não é dado o resultado como no quadrado mágico, mas os valores distribuídos em linhas e colunas sendo que alguns são desconhecidos.

No problema soma dos vértices temos duas situações, uma em que é dado a soma e outra onde o aluno deverá descobrir a soma por observação dos valores dos vértices. No item a. as soluções são: A= 6, B= 2 e C= 5. No item b. o aluno deverá perceber que tem um quadradinho que tem o valor de todos os vértices, então 8+3+2+7= 20, a soma pedida, em seguida calcula os valores de: A=4, B=1, C=9,fazendo o mesmo processo do item anterior.

A atividade 2 apresenta o produto 576, dos valores distribuídos em linhas e colunas. Agora é preciso descobrir os desconhecidos representados por letras, ou seja, o valor a ser descoberto (incógnita).

Assim temos:

| Linhas | Colunas |
|---|---|
| 4 x 36 x X=576 | 4 x Y x 18 = 576 |
| Y x 2x 36= 576 | 36 x 2 x Z = 576 |
| 18 x Z x 4= 576. | X x 36 x 4 = 576 |
| Resultados: X= 4; Y= 8; Z= 8 | |

O objetivo dessas atividades é introduzir a letra como representação de um número desconhecido em situações problema.

Atividade 3. Situações problema envolvendo a noção de equivalência e determinação de valores desconhecidos.

Material: As situações problemas selecionadas e adaptadas de avaliações institucionais: Canguru, OBMEP, livros didáticos e do site.[52]

**Orientação**

O professor organiza os alunos em dupla e apresenta as situações problema, uma de cada vez e assim que a maioria tenha resolvido discute as noções conceituais envolvidas, como regularidades, valor a ser descoberto (incógnita), sequência, repetição e igualdade.

**As idades dos irmãos**

Quando a irmã de Geraldo nasceu ele tinha 5 anos. Hoje sua irmã faz 9 anos. Quantos anos tem Geraldo? Quantos anos terão Geraldo e sua irmã daqui a 12 anos?

**Páginas do livro**

Ao abrir um livro velho, Janaína viu que o número das páginas pulava de 24 para 55. Quantas páginas estão faltando entre essas duas páginas?

52 https://nrich.maths.org/ acesso 2020.

**A fila**

A turma de Tiago e Maria foi colocada em fila. Maria tem 17 colegas atrás dela e um deles é Tiago. Tiago tem 14 colegas à sua frente e um deles é Maria. Há 5 alunos entre Tiago e Maria. Quantos alunos tem a turma?

**Comentário para o professor**

As idades dos irmãos, solução Geraldo tem 5 +9 =14 e daqui a 12 anos Geraldo terá 14 + 12 = 26 e sua irmã 9 +12 = 21 anos, veja que diferença entre as idades é sempre a mesma 5 anos.

Páginas de um livro, quantidade de páginas 55 -25= 30, pois tem a página 24. Caso o aluno fique em dúvida mostre com é a numeração das páginas de um livro.

A fila solução, propomos que o professor faça uma representação gráfica, por exemplo: 9....Maria...5......Tiago.....12, depois de Tiago tem 17 – 5 = 12 alunos e antes de Maria tem 14- 5 = 9. O total de alunos 9 + 5 + 12 = 26.

Atividade 4. Situações problema envolvendo a noção de equivalência, sequências e regularidade.

**Criando mosaicos**

Material: folha de papel quadriculada e a figura geométrica (padrão).

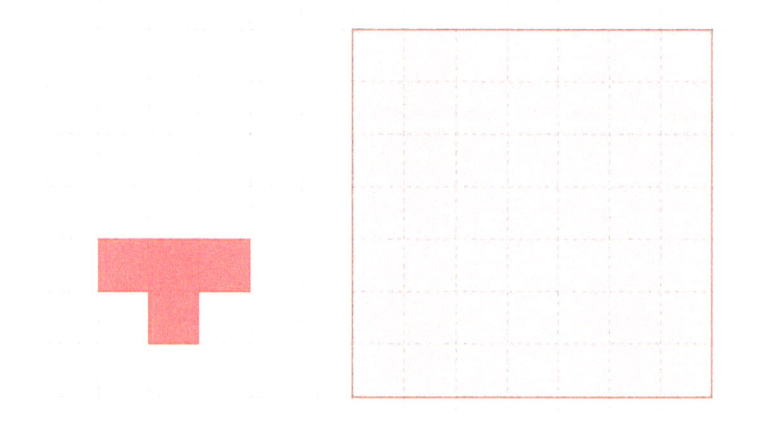

### Orientação

O professor distribui a folha de papel para os alunos e pede que preencham o quadrado marcado com a figura geométrica apresentada e tomada como padrão. Com os registros dos alunos retoma a noção de padrão, mostra outras situações do cotidiano em que encontramos padrão, como no artesanato, nas calçadas, nos tecidos etc. Mostra a repetição do padrão como uma regularidade, ou seja, uma sequência repetitiva. É importante conversar com os alunos o que é uma sequência.

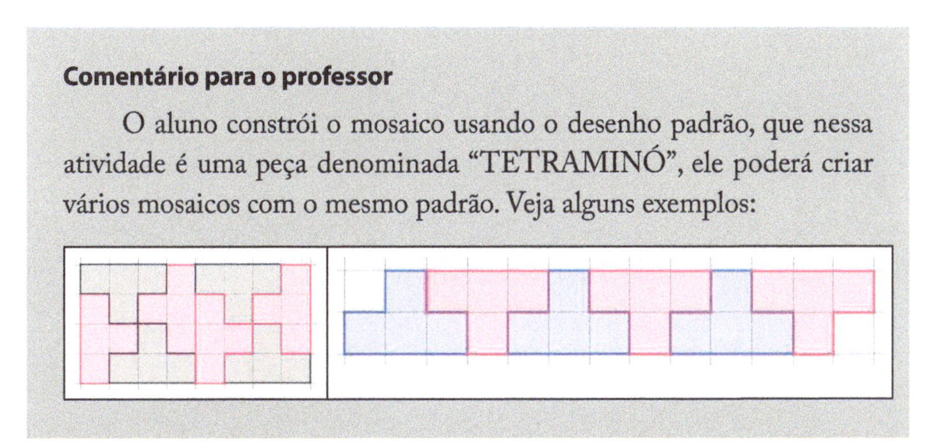

**Comentário para o professor**

O aluno constrói o mosaico usando o desenho padrão, que nessa atividade é uma peça denominada "TETRAMINÓ", ele poderá criar vários mosaicos com o mesmo padrão. Veja alguns exemplos:

### Sequência de triângulos

Material: folha de papel com a sequência de triângulos.

### Orientação

O professor distribui a folha para os alunos organizados em duplas e comenta que as figuras da sequência são formadas por triângulos pequenos e que a terceira figura tem 9 triângulos pequenos. Pede para os alunos desenharem a quarta e a quinta figura seguindo o mesmo padrão e respondam:

- Quantos triângulos pequenos temos na quarta e na quinta figura da sequência?
- Escreva com palavras como podemos saber quantos triângulos pequenos teremos na 10ª figura.

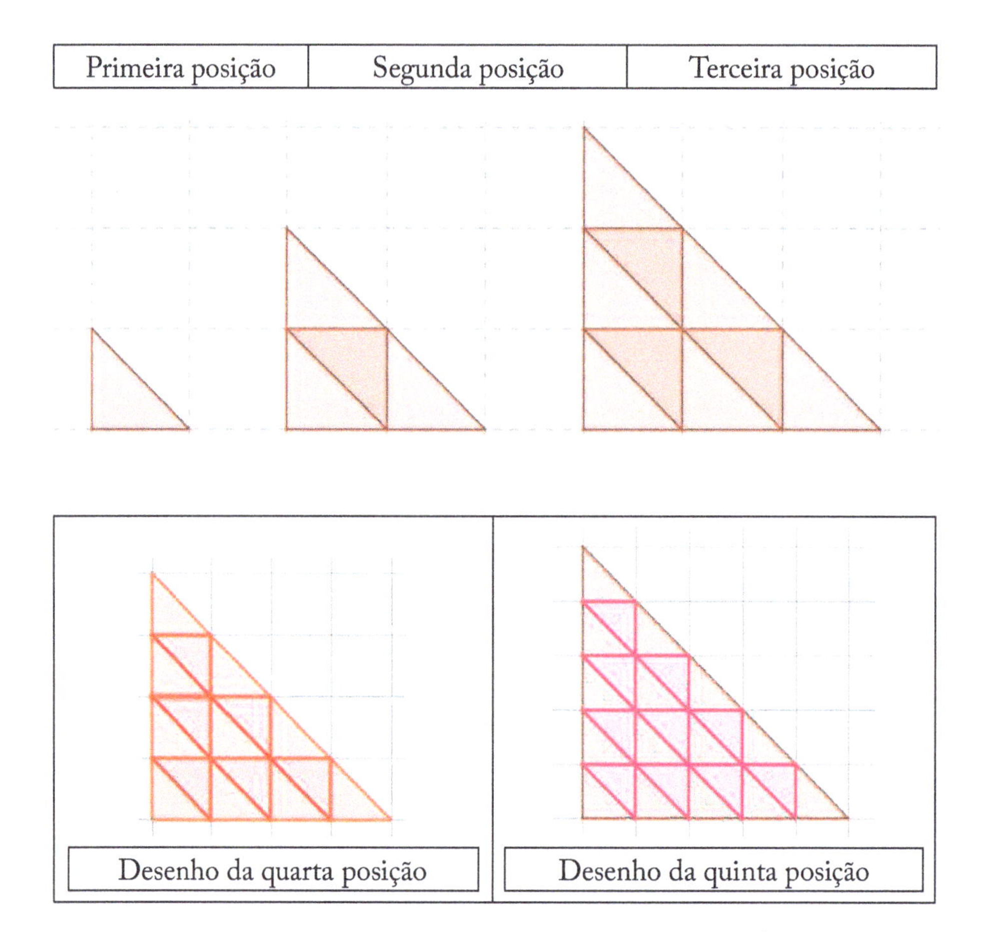
Primeira posição
Segunda posição
Terceira posição
Desenho da quarta posição
Desenho da quinta posição

**Comentário para o professor**

Sugerimos que o professor organiza os alunos para construírem uma tabela e com ela a visualização dos resultados:

| Posição | 1ª | 2ª | 3ª | 4ª | 5ª | 6ª | 7ª | 8ª | 9ª | 10ª |
|---|---|---|---|---|---|---|---|---|---|---|
| Nº de triângulos | 1 | 4 | 9 | 16 | 25 | 36 | 49 | 64 | 81 | 100 |

E fazer a leitura da relação entre o número de triângulos e a posição:

1ª posição: 1 x 1 = 1

2ª posição: 2 x 2 = 4

3ª posição: 3 x 3 = 9

4ª posição: 4 x 4 = 16

5ª posição: 5 x 5 = 25

Logo, o número de triângulos na 10ª posição é: 10 x 10 = 100.

**Sequências numéricas**

Material: sequências numéricas apresentadas numa folha de papel ou no quadro

**Orientação**

O professor distribui a folha para os alunos organizados em duplas e pede que resolvam as sequências respondendo em cada uma as questões colocadas. Com as respostas dos alunos discute em cada caso o padrão, a noção de termo de uma sequência e como podemos generalizar.

a. Dada a sequência de números impares: 1,3,5,7,9,11,13, .........,

   Considere que o 1 é o primeiro (1º) termo da sequência, 3 é o segundo (2º), 5 é o terceiro (3º), assim por diante. Qual o décimo quarto (14º) termo dessa sequência?

b. Observe a sequência numérica a seguir:

   151,152,153,154, 155,156,157,158,159,160,161,162,163,164,165

   Há mais números pares ou mais números ímpares nessa sequência?

Qual a regularidade entre eles?

Quantos números pares há entre 153 e 163? Quantos números ímpares?

c. Com a pandemia que acontece na cidade, os supermercados adotaram fazer fila para a entrada com distanciamento de 2 metros (m) entre seus clientes, formando a sequência abaixo:

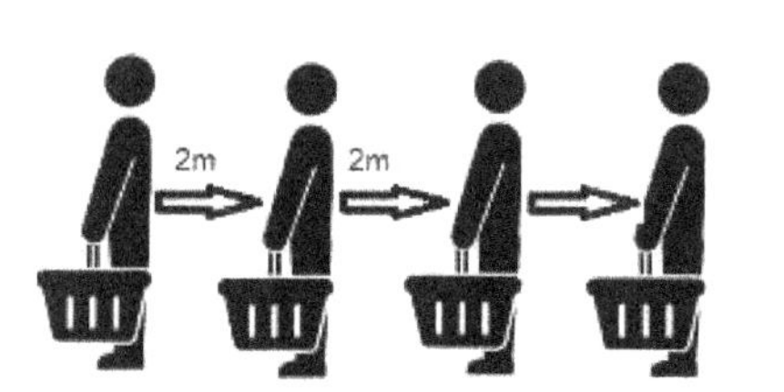


........

Que regularidade há entre cada cliente?

Quantos metros do início da fila estará o 12º cliente? Quantas pessoas tem na sua frente?

**Comentário para o professor**

Para a sequência de números ímpares sugerimos fazer uma tabela.

O aluno identifica o 14º termo na tabela:

| Posição | 1ª | 2ª | 3ª | 4ª | 5ª | 6ª | 7ª | 8ª | 9ª | 10ª | 11ª | 12ª | 13ª | 14ª |
|---|---|---|---|---|---|---|---|---|---|---|---|---|---|---|
| Número | 1 | 3 | 5 | 7 | 9 | 11 | 13 | 15 | 17 | 19 | 21 | 23 | 25 | 27 |

Observa que há mais números pares.

A regularidade é adicionar 1 unidade a cada termo.

Há 5 números pares e 4 números ímpares.

A regularidade é a distância de 2m.

O 12º cliente estará a 22 m do início da fila. Tem 11 pessoas.

**Habilidade a ser desenvolvida**: Descrever, após o reconhecimento e a explicitação de um padrão (ou regularidade), os elementos ausentes em sequências recursivas de números naturais ou figuras.

Para desenvolver esta habilidade incluímos figuras e, retomamos a noção de sequência recursiva.

Atividade 1. Reconhecer o padrão e completar sequências recursivas de figuras geométricas

Atividade 1.1. Reconhecer as figuras geométricas, completar a sequência identificando o padrão

Material: Palitos de fósforo, folha de papel e cola.

**Orientação**

O professor apresenta no quadro a seguinte sequência:

| Figura 1 | Figura 2 | Figura 3 | Figura 4 |
|---|---|---|---|
| 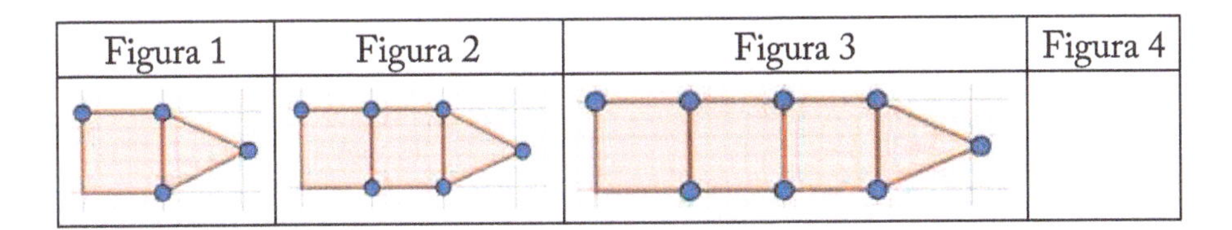 | | | |

Depois organiza os alunos em duplas, distribui os palitos, papel e cola e pede para montarem no papel a sequência colando os palitos como no modelo. Em seguida pede para que observem as figuras formadas com os palitos e registrem quantos palitos foram utilizados em cada figura, identificando o padrão.

Depois com os palitos montem a 4ª e 5ª figuras seguindo o mesmo padrão

Atividade 1.2. Reconhecer o padrão e completar sequências recursivas de figuras geométricas: triângulos

Material: Palitos de fósforo cola e folha de papel

**Orientação**

Com os alunos organizados em duplas o professor distribui os palitos, cola e a folha e pede que construam um triângulo com menor número de palitos. Discute no grupo a solução encontrada.

Em seguida desenha no quadro a seguinte figura

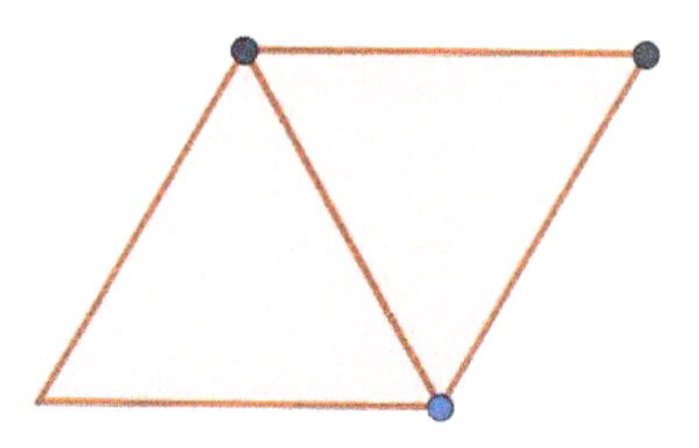

**Propõe as questões:**

a. Quantos triângulos você vê na figura? Monte com palitos e escreva quantos palitos foram usados.

b. Na construção anterior acrescente palitos para formar mais um triângulo do mesmo tamanho. Quantos palitos você usou?

c. Continue formando triângulos usando o mesmo padrão, quantos palitos são necessários para formar cinco triângulos? E para formar seis triângulos, quantos palitos usaria?

d. Complete a tabela abaixo com seus resultados

| Número de triângulos | 1 | 2 | 3 | 4 | 5 | 6 |
|---|---|---|---|---|---|---|
| Número de palitos | 3 | | | | | |

- Sem usar os palitos, escreva uma regra para formar dez triângulos?
- Com 31 palitos quantos triângulos pode construir?

**Comentário para o professor**

As atividades 1.1 e 1.2 são para os alunos manipularem. Na atividade 1.1 fizemos uma adaptação do problema da OBMEP de 2010 e esperamos que o aluno identifique o padrão, ou seja, acrescentar um quadrado a cada figura. A atividade 1.2 é mais conceitual o aluno começa revendo a noção de triângulo e o padrão é somar 2 à figura anterior. Veja a tabela preenchida

| Nº de triângulos | 1 | 2 | 3 | 4 | 5 | 6 | 7 | 8 | 9 | 10 | 11 | 12 | 13 | 14 | 15 |
|---|---|---|---|---|---|---|---|---|---|---|---|---|---|---|---|
| Nº de palitos | 3 | 5 | 7 | 9 | 11 | 13 | 15 | 17 | 19 | 21 | 23 | 25 | 27 | 29 | 31 |

Assim para formar 15 triângulos vai precisar de 31 palitos.

Como complemento das atividades sugerimos que o professor consulte na prova: Canguru de Matemática Brasil 2018 Nível PE as questões 2,3,5 e 7[53]

**Atividade de investigação**

A atividade de investigação que escolhemos para o quarto ano é sobre as balanças. Vamos trabalhar a ideia de igualdade por meio da balança.

A balança é usada como uma analogia para explicar o funcionamento das sentenças matemáticas, se baseia na ideia de equivalência e aproxima duas noções, o equilíbrio na balança e a igualdade na sentença matemática.

Sugerimos que o professor traga ou construa com os alunos uma balança, para a situação de investigação, o ideal é que os alunos construam as balanças com material reciclável. Apresentamos a seguir uma montagem muito rudimentar, o professor vai encontrar outras sugestões na internet.

Material: um cabide de roupa, barbante ou linha grossa, dois copinhos de plástico para cada grupo

53 https://www.cangurudematematicabrasil.com.br/prova-2018.html, acesso 2019.

**Orientação**

O professor distribui o material para os alunos organizados em grupo de quatro pessoas. Pede para fazerem três furos nos copinhos e que estes devem estar sempre à mesma distância.

A figura mostra o copinho visto de cima, as distâncias AB, BC e CA são iguais.

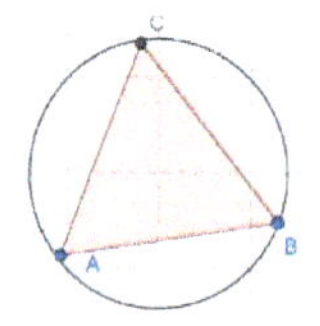


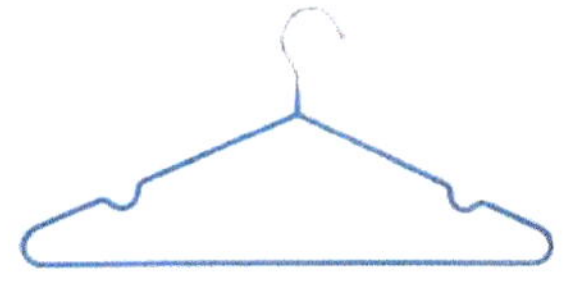

O cabide precisa de ganchos ou reentrâncias e os barbantes precisam, também, serem cortados com o mesmo comprimento. Veja a foto de uma balança montada em sala de aula.

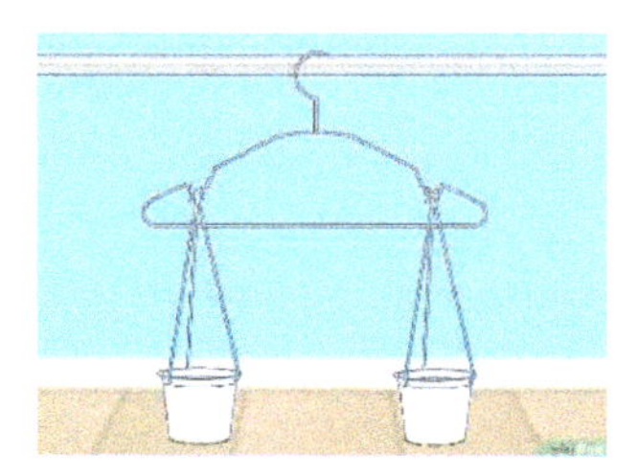

Após a montagem das balanças o professor disponibiliza alguns materiais como tampinhas, material dourado ou outros elementos e deixa eles experimentarem suas balanças, caso seja necessário fazem pequenas correções nos barbantes e/ou furos.

**Habilidade a ser desenvolvida[54]:** Reconhecer e mostrar, por meio de exemplos, que uma igualdade não se altera quando se adiciona ou se subtrai um mesmo número dos dois lados.

Atividade 1. Com as balanças, apresentar várias situações de pesagem e pedir para os alunos escreverem com palavras o que acontece em cada situação.

a. Se acrescentarmos um mesmo objeto em ambos copinhos o que acontece com o equilíbrio? Experimente.

---

54 BNCC – Base Nacional Comum Curricular, 2017 (EF04MA15)

b. Se trocarmos os objetos de um copinho para o outro o que acontece? Experimente.

c. Se juntarmos os objetos de duas balanças em equilíbrio em uma só balança o que acontece?

d. Se uma balança está em equilíbrio com dois objetos em cada copinho e retiro um objeto de um dos copinhos o que acontece? Experimente.

e. Observe a balança a seguir. Por que ela está desequilibrada?

Atividade 2. Observar as figuras e responder:

Quanto pesa o pacote em cada caso a seguir, escreva como uma igualdade

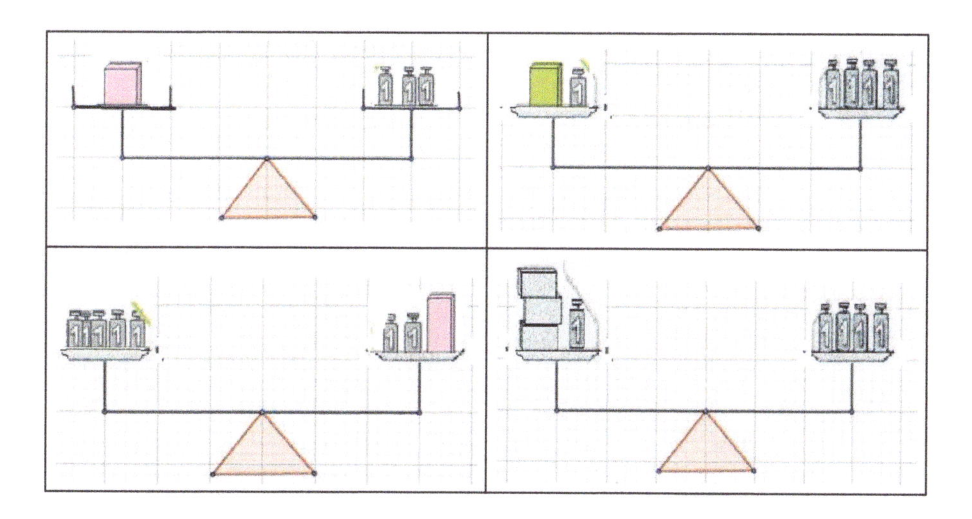

Atividade 3. Resolver problemas envolvendo a ideia de igualdade por meio da noção de equilíbrio.

**Balança**

Verifique quantos gramas tem o pacote de presente se a bolinha pesa 5g e o losango 1g.

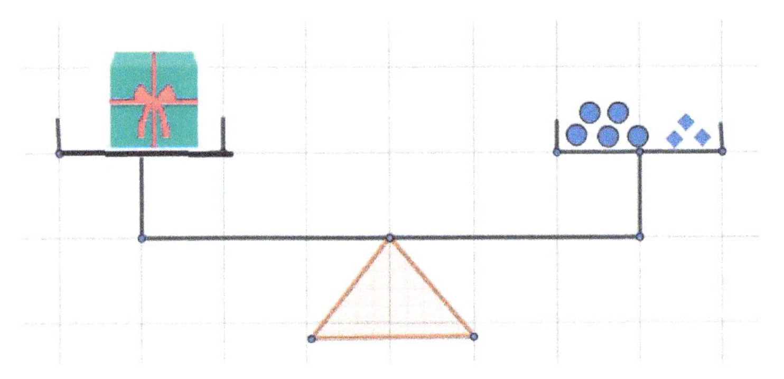

**Móbile**[55]

O móbile abaixo, pendurado no teto, está em equilíbrio, com as barras na posição horizontal. Os objetos iguais têm pesos (massas) iguais. Quanto pesa o objeto indicado pelo ponto de interrogação?

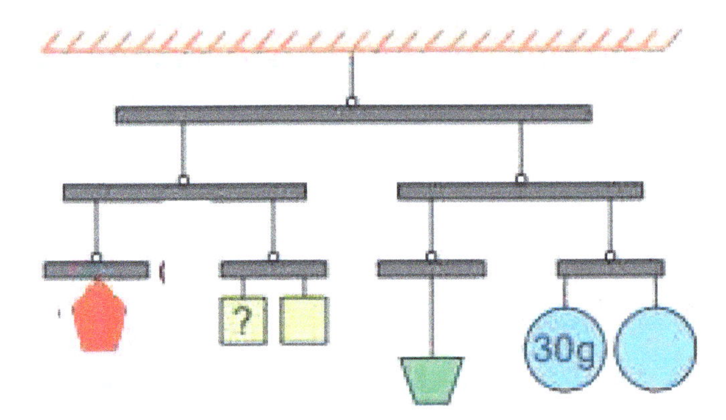


55 Adaptação, OBMEP 2019 PNA, 15.

Atividade 4[56]. Escrever a sentença matemática para cada figura a seguir

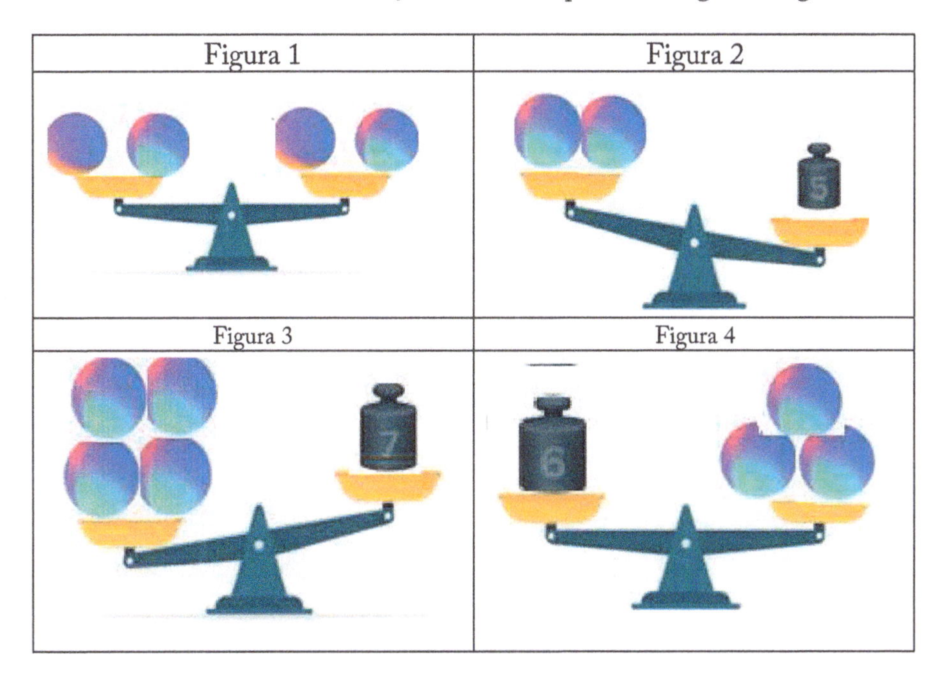


56 Adaptação de balanças do site https://br.freepik.com/ acesso 04/2020

**Comentário para o professor**

O professor após várias experiências com a balança retoma os símbolos de igualdade = e de desigualdade > maior, exemplo 5> 3, e < menor, exemplo 3 < 5.

Na atividade 3, Balança, a relação é imediata se a bolinha pesa 5g tenho cinco bolinhas, losango 1g tenho 3, então 5x5 + 3x1 = 28g, peso do pacote.

No **Móbile** como objetos iguais tem pesos iguais dois círculos (C) pesam 60 g, como está em equilíbrio o trapézio (T) pesa 60g. Então à direita temos: 2 C + 1 T = 120.Como está em equilíbrio os valores da direita são iguais aos da esquerda.

Assim à esquerda, o pentágono (P) mais os quadrados (Q): 1 P + 2 Q = 120 e, 1P = 2Q =60. O quadrado pesa 30 g.

Na atividade 4 observando as quatro figuras podemos relacionar as bolas e os pesos, aqui os pesos estão em quilograma (kg). Na figura 1 temos a sentença matemática 2B = 2B; na figura 2 o peso de duas bolas é menor que 5 quilos, a sentença matemática 2B < 5 ; na figura 3 o peso de quatro bolas é maior que 7 quilos, a sentença matemática 4B > 7, e na figura 4 o peso de três bolas **é igual a** 6 quilos, então 3B = 6 e cada bola pesa 2 kg.

# CAPÍTULO 4

No processo contínuo do ensino e aprendizagem de generalizações surge o pensamento algébrico que é essencial para utilizar modelos matemáticos com compreensão, nas representações e nas relações entre as grandezas. Assim, reconhecer uma regularidade e sua representação que no currículo paulista é proposto para os primeiros anos e só é retomado no sexto ou sétimo ano, em nossa proposta consideramos que o conhecimento se desenvolve em espiral, o que torna necessário a retomada das noções de sequência e padrão nos diferentes anos escolares, aumentando gradativamente o nível de dificuldade e buscando a generalização por meio da linguagem simbólica. Esta visão é corroborada nas avalições institucionais como: Canguru, SARESP e mesmo OBMEP, entre outras.

## QUINTO ANO DO ENSINO FUNDAMENTAL

Objetos do conhecimento: conceitos e procedimentos esperados para o 5º ano no currículo paulista:

- Propriedades da igualdade e noção de equivalência.
- Grandezas diretamente proporcionais.
- Problemas envolvendo a partição de um todo em duas partes proporcionais.

Em nossa proposta:

- Sequências geométricas e numéricas recursivas.
- Linguagem simbólica na generalização de resultados.

**Habilidade a ser desenvolvida:** Reconhecer o padrão de sequências recursivas e descrever este padrão por meio da linguagem matemática utilizando a generalização.

Propomos as atividades a seguir cujo nível de dificuldade é a generalização utilizando a linguagem simbólica

Atividade 1[57] - Reconhecer o padrão de sequências de figuras.
Material: A figura a seguir registrada numa folha de papel

**Orientação**

O professor conversa com os alunos sobre o que é padrão, revê as ideias relacionadas à noção de padrão e regularidade trabalhada nos anos anteriores. Então distribui a folha, pede que cada aluno olhe a sola de seu tênis e verifique se tem o padrão das pegadas da folha. Organiza os alunos em duplas e propõem as questões:

Três pessoas passaram por um piso limpo usando seus sapatos cheios de lama, deixando lá suas pegadas. Qual o padrão de cada pegada? O padrão é parecido com o do seu tênis.

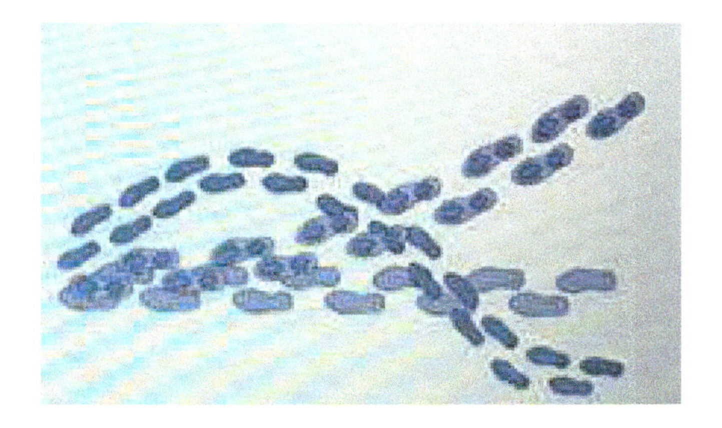

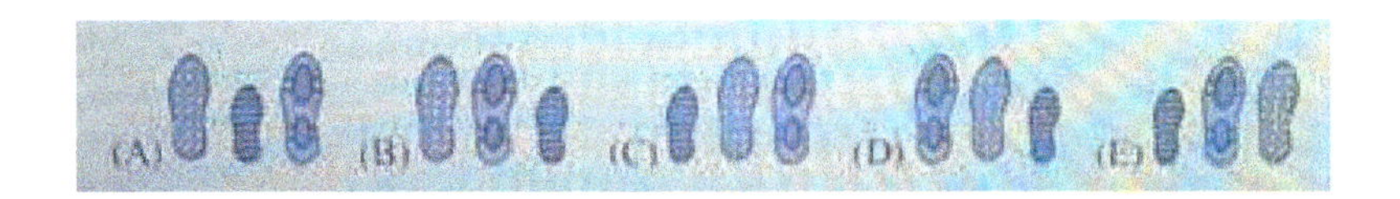


57 https://www.cangurudematematicabrasil.com.br/provas/2018/

**Comentário para o professor**

O professor pode pedir para três alunos fazerem está experiência na parte de terra, areia da escola, piso molhado ou em um papel com tinta guache e em seguida levar os alunos da sala para observarem e tentarem identificar a ordem das pegadas. É importante que os três calçados tenham padrões diferentes.

A primeira pessoa que passou foi a segunda e finalmente , a solução item A.

Sugestão pegar miniaturas de sapatos ou solados criados pelos alunos e fazer a experiência com a tinta guache e papelão.

Atividade 2. Reconhecer o padrão e completar sequências de figuras geométricas, utilizando a linguagem simbólica.
Material: Os palitos de fósforos ou de sorvete, cola e folha de papel.

**Orientação**

O professor registra no quadro a representação, a seguir

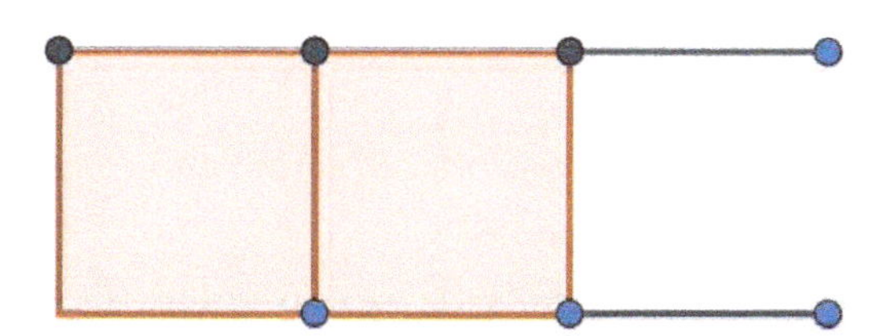

Entrega a folha, os palitos e a cola e pede aos alunos que em dupla, reproduzam a representação em suas folhas colando os fósforos, conforme indicado na figura. Se quiserem podem continuar a colagem. Após este momento de colagens pede que respondam as questões:

a. Quantos palitos foram necessários para construir: um quadrado, dois quadrados, três quadrados.

b. Para construir oito quadrados, quantos palitos são necessários? Escreva o padrão para a construção?

c. Com 31 palitos, quantos quadrados podemos montar?

**Comentário para o professor**

Essa atividade tem como objetivo permitir que o aluno por meio da manipulação verifique que, para fazer um quadrado precisou de 4 palitos, para fazer dois quadrados precisou de 4 +3 palitos, para fazer três quadrados precisou de 4 + 2x3, e assim por diante. Assim o padrão é sempre acrescentar 3 palitos, podemos generalizar escrevendo **4 + 3n**, onde **n** número natural (n € N).

Com 31 palitos poderá montar 10 quadrados, esta relação não é muito fácil para os alunos, sugerimos que o professor os incentive a ir completando os quadrados até chegar a 31 palitos.

É importante neste momento discutir a relação entre a quantidade de quadrados e a quantidade de palitos usados na colagem, em seguida mostrar a importância da generalização por meio da linguagem simbólica, nesse caso **4+3n**.

Outra forma de generalizar, para o primeiro, usar 4 palitos e para cada um dos demais eu acrescentar 3 palitos. Assim, se tenho 31 palitos tirando 4 palitos para o primeiro quadrado, sobram 27 palitos. Como é usado 3 palitos para cada novo quadrado, dividindo 27 por 3, obtém se mais 9 quadrados: 1 + 9 =10 quadrados.

Atividade 3. Reconhecer e utilizar as letras como representação da generalização da Aritmética em sequências de bolinhas.
Material: os registros das sequências em folha de papel com espaço para que os alunos possam escrever as próximas figuras

**Orientação:**

O professor pede para que os alunos em duplas observem as sequências de bolinhas e façam o que se pede, registrando na folha de papel:

a. Desenhe a próxima figura da sequência.

b. Quantas bolinhas tem a 7ª figura?

c. Escreva com palavras o padrão dessa sequência.

**Sequência 1**

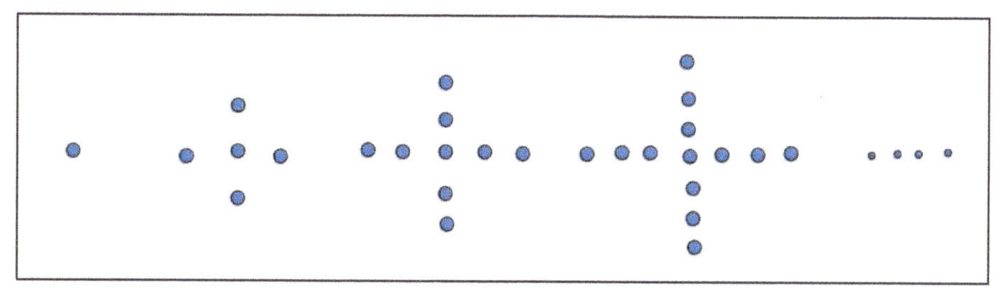

a. Utilizando a tabela a seguir e a letra P para identificar a posição da figura, escreva uma fórmula com essa letra para determinar o número de bolinhas em cada posição da figura.

| P1 | P2 | P3 | P4 | | Pn |
|---|---|---|---|---|---|
| | | | | | |

**Sequência 2**

a. Desenhe a próxima figura da sequência.

b. Quantas bolinhas tem a 8ª figura?

c. Escreva com palavras o padrão dessa sequência.

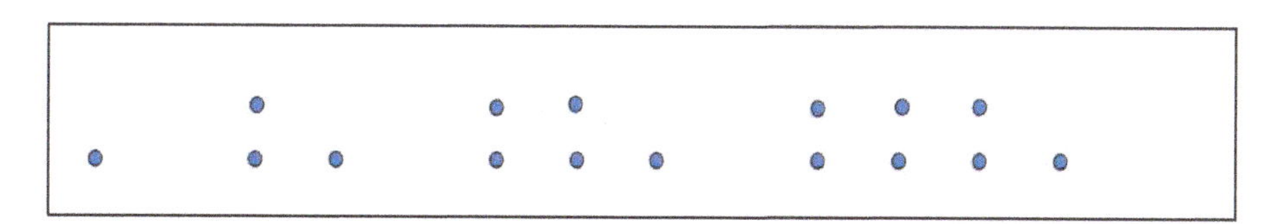

d. Utilizando a tabela a seguir e a letra P para identificar a posição da figura, escreva uma fórmula com essa letra para determinar o número de bolinhas em cada posição da figura.

| $P_1$ | $P_2$ | $P_3$ | P4 | | $P_n$ |
|---|---|---|---|---|---|
| | | | | | |

**Comentário para o professor**

Para trabalhar essas atividades o professor precisa verificar se os alunos já tiveram alguma familiaridade com sequências nos anos anteriores, caso não tenham sugerimos começar com as sequências propostas para o 4º ano.

Analisando as atividades o professor pede para as duplas apresentarem suas soluções, primeiro da sequência 1 e faz uma leitura coletiva enfatizando aquelas que se aproximam de uma generalização.

Em seguida, apresenta a solução: $P_2 = P_1 + 4$, $P_3 = P_2 + 4$. Então cada posição é igual a anterior mais 4, na posição P n temos a generalização: $P\ n = P\ n-1 + 4$.

Antes de apresentar a solução da sequência 2, o professor consulta as duplas e apresenta suas soluções. A partir da discussão da sequência 1 acreditamos que já façam alguma generalização em linguagem simbólica.

A solução da sequência 2 tem a mesma ideia, mas agora vamos somar 2 à posição anterior, então: $P_2 = P_1 + 2$, $P_3 = P_2 + 2$. A generalização para cada termo é igual ao anterior mais 2, assim $P\ n = P\ n-1 + 2$.

Neste momento o professor apresenta a fórmula geral, mostra como funciona e discute o significado da linguagem simbólica.

**Habilidade a ser desenvolvida**[58]: Concluir, por meio de investigações, que uma igualdade não se altera ao adicionar, subtrair, multiplicar ou dividir seus dois membros por um mesmo número, para construir a noção de equivalência.

Para desenvolver esta habilidade vamos utilizar a balança, já a apresentamos no 4º ano e aqui retomamos o significado do uso desse recurso.

58 BNCC – Base Nacional Comum Curricular, 2017 (EF05MA10)

**Explicando a balança para a contextualização da equivalência**

A balança é usada como uma analogia para explicar o funcionamento das equações, se baseia na ideia de equivalência e aproxima duas noções: o equilíbrio na balança e a igualdade (equilíbrio) na equação.

É importante considerar os pré-requisitos necessários para utilização da balança, ou seja, conhecimento de medidas de massa quilograma e grama.

Atividade 1. Compreender a ideia de igualdade para escrever diferentes sentenças de adições ou de subtrações de dois números naturais que resultem na mesma soma ou diferença.

Atividade 1.1. Apresentamos a seguir várias situações de pesagem em balanças, a proposta é escrever em linguagem natural e depois em linguagem algébrica, cada uma das situações.

Material: balanças e papel para registro

**Orientação:**

O professor apresenta a balança de dois pratos e conversa sobre o significado do equilíbrio, fazendo alguns experimentos e mostrando quando está em equilíbrio.

**Figuras de balanças na história das pesagens.**

| Foto da réplica da balança projetada por Leonardo Da Vincci[59] | Foto de uma balança do século passado |
| --- | --- |

## Comentário sobre os procedimentos

Sugerimos que o professor incentive os alunos a confeccionarem uma balança como foi proposto no 4º ano e experimente com materiais leves, pois esta é frágil. Os alunos podem encontrar outros modelos na Internet mais resistentes. Após a confecção e a experimentação sugerimos que, em duplas, os alunos respondam as seguintes questões escrevendo a sentença matemática correspondente.

a. Se acrescentarmos um mesmo peso em ambos os pratos o que acontece com o equilíbrio? Dê um exemplo

b. Se trocarmos os objetos de um prato para o outro de uma balança o que acontece com o equilíbrio? Dê um exemplo.

c. Se juntarmos os pesos de duas balanças em equilíbrio em uma só balança o que acontece? Dê um exemplo

d. Se diminuirmos a mesma quantidade de peso de ambos os pratos de uma balança o que acontece? Dê um exemplo

---

59 Fotos do acervo de Ruth Itacarambi, a primeira da exposição interativa do MIS-2019.

Atividade1.2. Observe a balança a seguir e responda por que a balança está desequilibrada?

Atividade 1.3. [60] Observe a figura e responda o que se pede. Um cão de brinquedo pesa um número inteiro de quilogramas (kg). Quanto pesa o cão?

**Comentário para o professor**

Na balança à esquerda, vemos que o cão pesa menos de 12 kg, pois o peso levanta o cão. Na balança à direita, vemos que dois cães iguais pesam mais do que 20 kg. Portanto, um cão pesa mais do que 10 kg. Como o peso do cão é um número inteiro de kg e o único número inteiro maior do que 10 e menor do que 12 é 11, concluímos que o cão pesa 11 kg.

O professor pode apresentar o jogo da balança lógica[61] disponível na internet e explorar outras situações de pesagem.

---

60 https://www.cangurudematematicabrasil.com.br/para-escolas/provas-anteriores/39-provas-e-resolucoes-2019

61 https://rachacuca.com.br/jogos/balanca-logica/

Atividade 1.4.[62] Reconhecer o sinal de igual como equivalência, estabelecendo relações numéricas e utilizar o sinal maior ou menor como comparação de quantidades.

Material: representação de balanças com várias situações

**Orientação:**

O professor apresenta as balanças a seguir e pede para que os alunos observando as balanças identifiquem aquelas que estão equilibradas e aquelas que não estão equilibradas, usando o sinal de igual = e < ou >

o sinal de = estão equilibradas

o sinal menor < ou sinal maior > não estão equilibradas

Em seguida os alunos deverão escrever na linguagem natural a igualdade ou desigualdade observada e depois traduzir por uma sentença matemática.

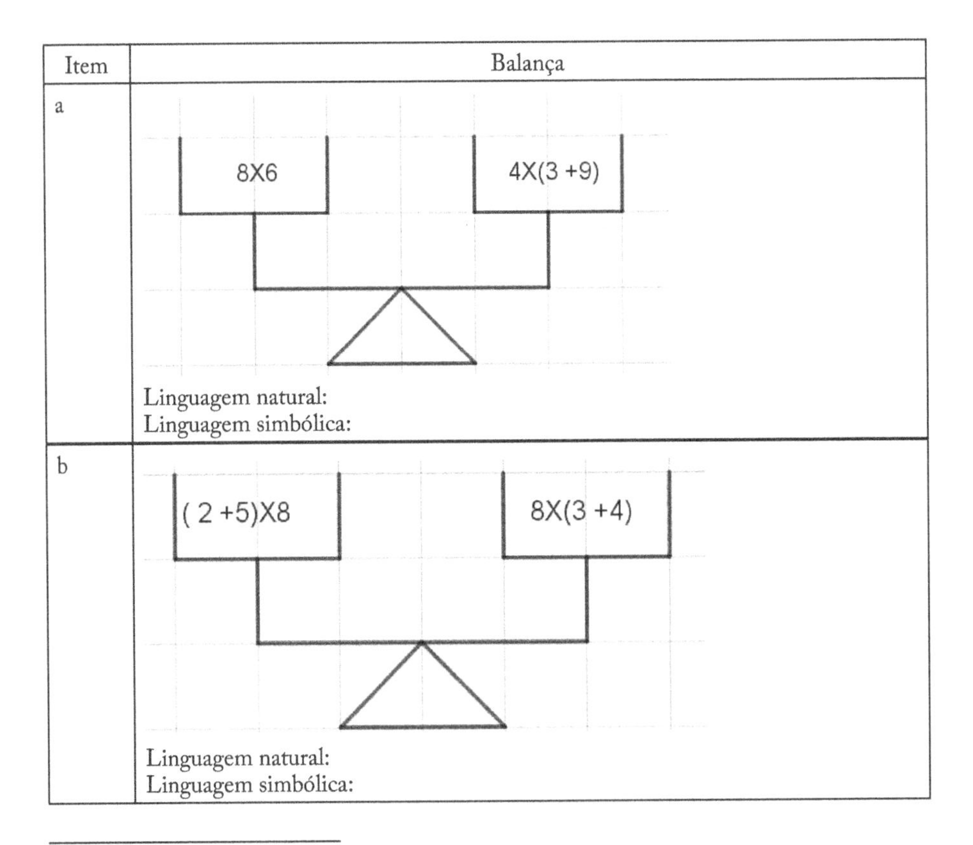

| Item | Balança |
|---|---|
| a | 8X6 / 4X(3 +9)<br>Linguagem natural:<br>Linguagem simbólica: |
| b | ( 2 +5)X8 / 8X(3 +4)<br>Linguagem natural:<br>Linguagem simbólica: |

62 BNCC – Base Nacional Comum Curricular, 2017 (EF05MA11)

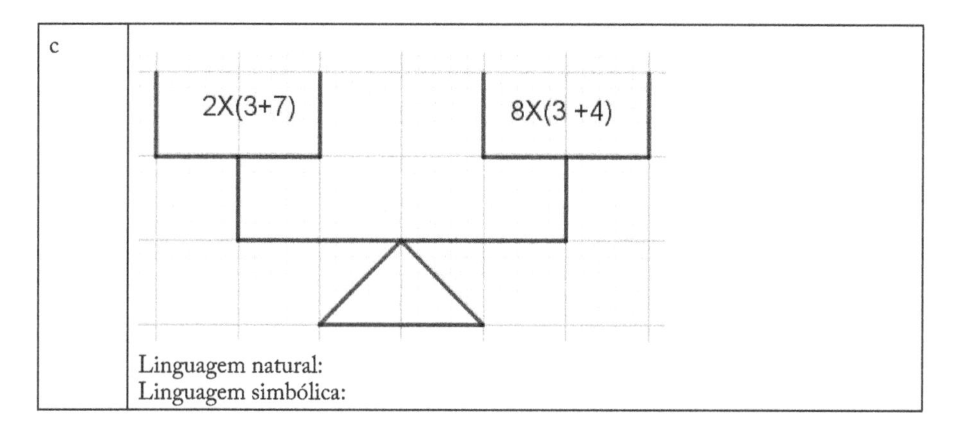


Atividade 1.3. Completar os valores para estabelecer a relação de equivalência
Material: As balanças abaixo

**Orientação**

O professor apresenta as balanças abaixo e pede para os alunos completarem os pratos da balança para que elas fiquem equilibradas, ou seja, equivalentes.

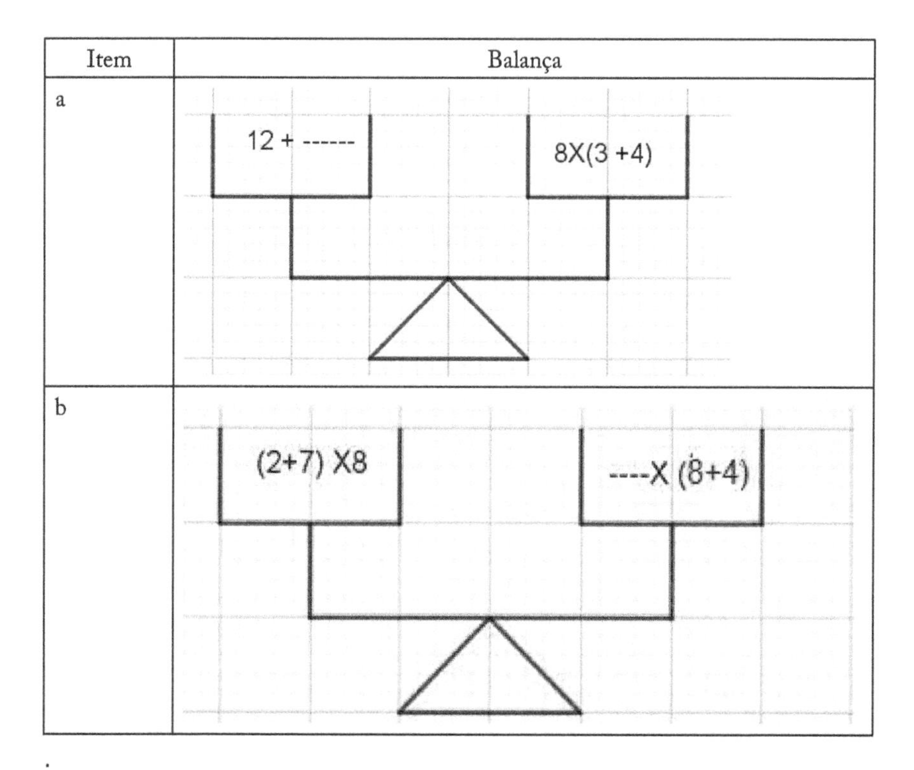

Após a correção e discussão dos resultados o professor propõe as questões:

- Quais seriam os possíveis valores para que a balança do item **a** pendesse para a sua esquerda. Escreva a expressão matemática
- Quais seriam os possíveis valores para que a balança do item **b** pendesse para a sua direita. Escreva a expressão matemática

Sistematizando o significado da igualdade como equivalência, o professor retoma no seu livro didático algumas expressões numéricas.

Por exemplo:

Observe as sentenças matemáticas abaixo, calcule e verifique se as sentenças são equivalentes ou não.

a. $11 + \square = 26$ e $\square = 15 + 11$

b. $\square - 5 = 12$ e $17 = \square + 5$

c. $9 + \square = 15$ e $\square = 15 + 6$

d. $(3 + 5) \times \square = 16$ e $\square = 16 : 8$

e. $\square \times (7 - 3) = 12$ e $12 = \square + 7$

**Comentário para o professor**

Esses exercícios aparecem em alguns livros didático com o objetivo de verificar a equivalência entre as sentenças matemáticas. Então, nos itens ***a***, ***b*** e ***d*** as expressões são equivalentes e nos itens ***c*** e ***e*** não são equivalentes.

**Habilidade a ser desenvolvida**[63]-Resolver e elaborar problemas cuja conversão em sentença matemática seja uma igualdade com uma operação em que um dos termos é desconhecido.

Atividade 1. Resolver e elaborar problemas com uma operação em que um dos termos é desconhecido, utilizando a linguagem simbólica.

Material: situações problema adaptadas das provas Canguru e OBMED

63 BNCC – Base Nacional Comum Curricular, 2017 (EF05MA11)

**Orientação**

O professor apresenta as situações problemas a seguir e pede para os alunos discutirem em grupo e apresentarem suas soluções no quadro.

a. Pense um número de 1 a 9. Acrescente 2 unidades e multiplique o resultado por 3. Diminua o triplo do número pensado. O resultado é 6. Pense outro número e siga as mesmas instruções. Qual é o resultado? Explique

b. O dobro de um número adicionado ao seu triplo, é igual ao próprio número adicionado a 168. Qual é o número?

c. Estou pensando em um número. Quando meu número é dividido por 5, qual deve ser seu resto.

d. Quando meu número é dividido por 3, o resto é 2. Você pode encontrar meu número?

e. Observe as divisões e complete com os elementos que estão faltando, utilize o algoritmo da divisão. Dividendo (**D**) = divisor (**d**) vezes o quociente (**q**) mais o resto (**r**): D = d x q + r.

| | |
|---|---|
| a | 38: --------= -------X --------+ -------- |
| b | 75:12=-------X12 + -------- |
| c | ---------: 3 = 7 + _____X 3 |
| d | 42: ------- = -------X----------+5 |

Justifique sua resposta aplicando o algoritmo da divisão

a. Alice fez uma subtração com números de dois algarismos. Depois, cobriu dois algarismos, conforme mostrado na figura. Qual é a soma dos dois algarismos que foram cobertos?[64]

□3 - 2□ = 25

64 https://www.cangurudematematicabrasil.com.br/provas/2018/

**Comentário para o professor**

Essas atividades são muito comuns na iniciação algébrica, mas as vezes geram dúvidas. Então apresentamos as soluções.

Item a: [ (N +2) x 3] - 3N = 6. Aplicando a propriedade distributiva 3N + 6 – 3N = 6, ou seja, será sempre 6 independentemente do número pensado.

Item b: 2N + 3N = N + 168, então N = 42.

Item c: Qualquer número dividido por 5 dará restos: 4,3,2,1 ou 0.

Item d: Como 3n +2 =N, então o número pensado é um múltiplo de 3 mais dois, por exemplo: 5,8,11........

Item e: Aplicar o algoritmo: D = d x q + r ( D dividendo, d divisor, q quociente e r resto).

Idem f: 53 – 28 = 25 assim os algarismos cobertos são 5 e 8 e a soma é 13.

**Habilidade a ser desenvolvida**[65]- Resolver problemas que envolvam variação de proporcionalidade direta entre duas grandezas, por meio de comparações Atividade 1. Compreender a ideia de igualdade e desigualdade por meio de comparações.

Material: os desafios a seguir

**Orientação:**

O professor propõe os desafios para os alunos resolverem em dupla.

**Flechas**[66]**.**

Diana atirou três flechas em um alvo e conseguiu fazer seis pontos. Na segunda vez, ela atirou três flechas e conseguiu fazer oito pontos. Quantos pontos ela conseguiu fazer na terceira vez?

---

65 BNCC – Base Nacional Comum Curricular, 2017 (EF05MA12)

66 https://www.cangurudematematicabrasil.com.br/prova-2018

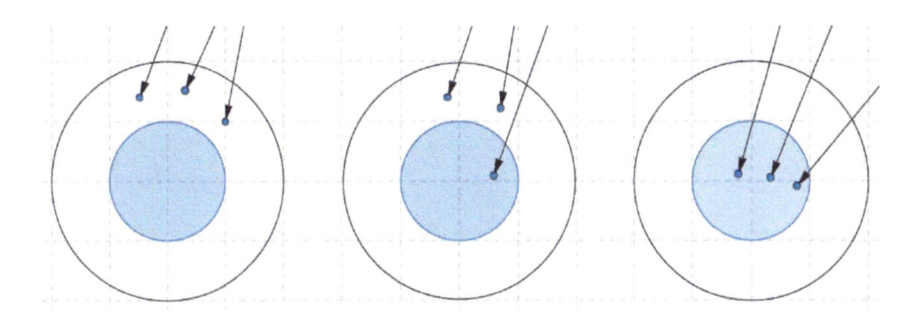

**O desafio do triângulo**

Uma dupla do 5º ano propôs o seguinte desafio para sua classe: escrever um número em cada casa triangular do diagrama ao lado, tendo já escrito dois deles. A soma dos números em duas casas com um lado comum deve ser a mesma para todos os pares de casas com um lado comum. Qual será a soma dos números escritos em todas as casas?

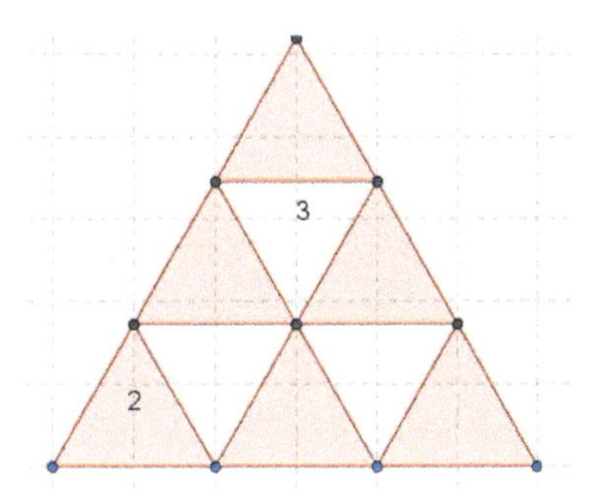


**Tabuleiro**

O tabuleiro com 3 linhas horizontais e 5 linhas verticais, tem 8 quadradinhos.

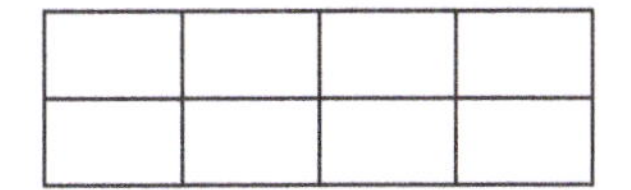

Quantos quadradinhos posso obter com 4 linhas horizontais e 5 linhas verticais? E com 5 linhas horizontais e 4 verticais?

Se preciso de 20 quadradinhos quantas linhas preciso traçar na horizontal e na vertical?

Solução da aluna A do 5º ano

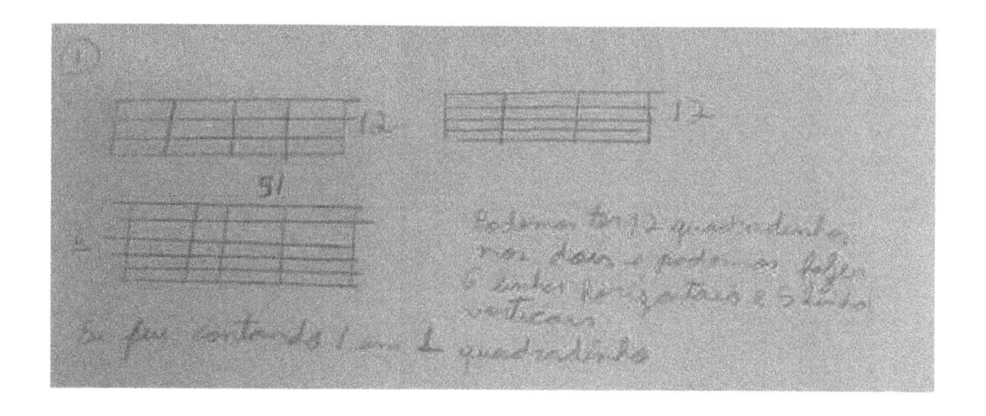

[67]Reescrevendo o texto do aluno mantendo sua escrita original
*"Podemos ter 12 quadradinhos nos dois e para obter 20 podemos fazer 6 linhas horizontais e 5 verticais. Fui contando de 1 em 1."*

Solução do aluno R do 5ºano

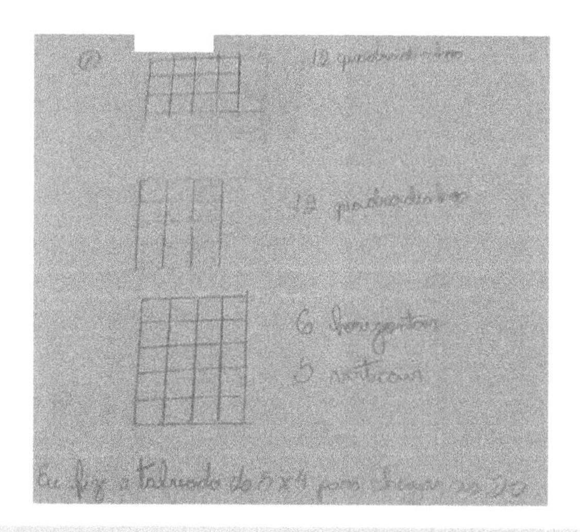

Reescrevendo o texto do aluno mantendo sua escrita original
*"Eu fiz a tabuada 5x4 para chegar a vinte"*

67 https://www.cangurudematematicabrasil.com.br/prova-2018.html, acesso 2019.

*Comentário da professora Simone*

*A aluna A na primeira pergunta optou por desenhar a tabela e ir acrescentando linhas conforme foi solicitado, para obter 20 quadradinhos vai contando de 1 em 1.*

*O aluno R para a primeira pergunta também desenha a tabela e para obter 20 quadradinhos utiliza a tabuada.*

**As peças do dominó**

Há oito peças de dominó sobre uma mesa e uma delas está parcialmente coberta por outra, como mostrado na figura. Essas oito peças podem ser colocadas sobre um tabuleiro 4 por 4, de modo que o número de pontos em cada linha e cada coluna seja sempre 9. Quantos pontos tem a parte coberta da peça de dominó na figura?

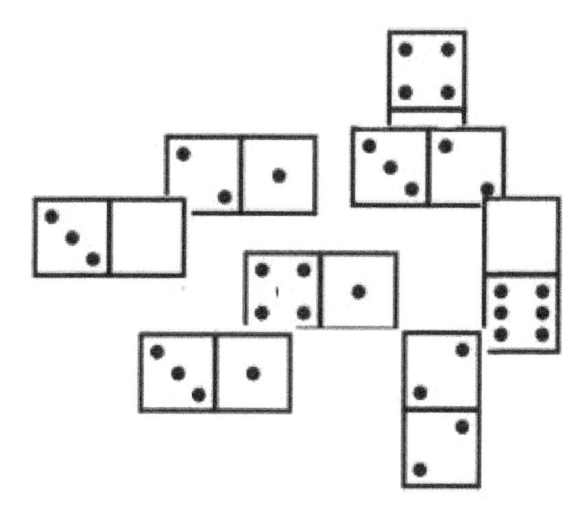

**Comentário para o professor**

No desafio das flechas se na primeira jogada tem 6 pontos e na segunda 8 pontos, então no centro cada acerto vale 4 e na terceira jogada 3X 4= 12 pontos.

O desafio dos triângulos dá oportunidade de o aluno experimentar várias alternativas sempre colocando 2 e 3 alternadamente. Observação, este desafio vale para outros números verifique 4 e 5.

No tabuleiro ver a solução dos dois alunos.

Sobre as peças do dominó propomos que primeiro o professor distribua as peças e deixe os alunos brincarem seguindo as regras do jogo. Depois separa as peças mostradas acima e pede para os alunos montarem o quadrado 4 por 4 de modo que a soma nas linhas e colunas seja sempre 9 sem seguir as regras do dominó e para isso deve descobrir a parte coberta de uma das peças.

Veja uma solução

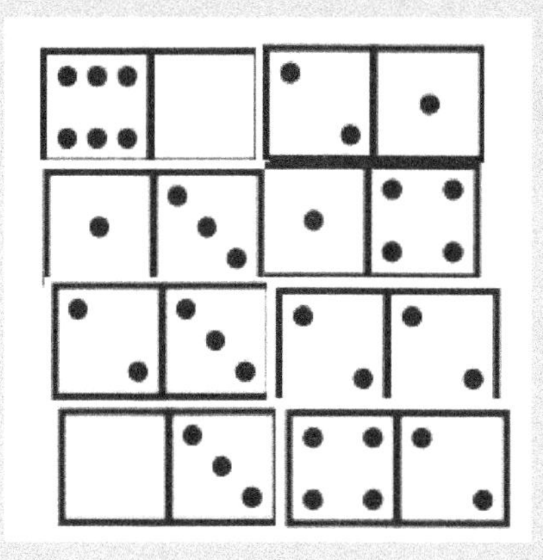

**O cabo de guerra**

O desafio cabo de guerra (_Adaptado do Dutch MIX álgebra program1998)[68]

Cinco búfalos são tão fortes quanto oito burros

68 Adaptado do Dutch MIX álgebra program1998, acesso 2019, in https://books.google.com.br/books?

Um elefante é tão forte quanto um búfalo e quatro burros

Quem vence este cabo de guerra? Explique como você chegou à conclusão

**Comentário para o professor**

O cabo de guerra reforça a noção de equivalência vamos escrever a sentença matemática correspondente à primeira figura:

5 búfalos = 8 burros, em linguagem simbólica: 5B = 8b (B -búfalo, b-burro)

na segunda:

1 elefante = 1 búfalo mais 4 burros, em linguagem simbólica:1E = 1B + 4b (E- elefante, B- búfalo, b- burro).

Então: 1E + 4b é o mesmo que 1B +4b + 4b, logo tem mais força que 5B, pois 5B = 8b e agora tenho 1B +4b + 4b.

**Habilidade a ser desenvolvida** [69]- Resolver problemas que envolvam variação de proporcionalidade direta entre duas grandezas, para associar a quantidade de um produto ao valor a pagar, alterar as quantidades de ingredientes de receitas, ampliar ou reduzir escala em mapas, entre outros.

69 BNCC – Base Nacional Comum Curricular, 2017 (EF05MA12)

Atividade: Resolver problemas que envolvam variação de proporcionalidade direta entre duas grandezas.
Material: situações problema selecionadas e adaptadas de avaliações como SAEB, OBMEP etc.

**Orientação:**

O professor organiza os alunos em dupla e apresenta as situações problema, uma de cada vez. Assim que a maioria tenha resolvido a primeira situação, discute as noções conceituais envolvidas: regularidade, sequência, igualdade e razão. Depois faz o mesmo procedimento para as demais, sempre uma de cada vez.

**Aniversário**

Beatriz faz aniversário 17 dias depois de seu colega Antônio. Neste ano o aniversário de Antônio será domingo. Em que dia da semana será o aniversário de Beatriz?

**Média aritmética**[70]

Algumas escolas adotam como média para a aprovação de seus alunos a soma das notas bimestrais que é dividida pelo número de bimestres. Esta é denominada média aritmética. Na escola de Vitor a média de aprovação é 6 e os valores para os bimestres são números inteiros. Ele teve nota 4 no primeiro bimestre e 5 no segundo bimestre. Para ter média 6, que notas precisa tirar nos próximos bimestres para ser promovido?

---

70 OBMEP Banco de Questões 2019.

**Comentário para o professor**

No problema do Aniversário sugerimos que o professor pegue um calendário e peça para os alunos por contagem verificarem a partir de um domingo qualquer, o dia da semana do aniversário de Antônio, após esta atividade de verificação, justifiquem fazendo os cálculos.

Observar que o cálculo são duas semanas a partir do domingo (14 dias) mais 3 dias, assim será em uma quarta feira. Sugerimos que o professor escolha a data de aniversário de um aluno da sala e pede para os alunos verificarem no calendário o dia da semana. Depois faz o mesmo pedido para outro aniversário daqui 15 dias. É importante analisar a regularidade: semana 7 dias.

No problema Média Aritmética é para calcular a média de notas no ano escolar cujas avaliações são bimestrais e neste as notas são números naturais. Propomos que o professor mostre que o total de pontos é no mínimo 6x 4 = 24 pontos (média 6 e 4 bimestres). Vitor já tem 4+5 = 9 pontos, então precisa fazer pelo menos 15 pontos nos próximos bimestres para ser aprovado.

Vamos fazer uma tabela das notas possíveis.

| 3ºB | 4ºB | 3º+ 4º | S= 1º +2º +3º +4º |
|---|---|---|---|
| 10 | 5 | 10 +5=15 | 4+5 +10 +5= 24 |
| 9 | 6 | 9+6 = 15 | 4+5+9+6 = 24 |
| 8 | 7 | 8 +7= 15 | 4+5+8 +7=24 |

O professor observa que as notas do 3º B podem ser trocadas pelas do 4º B, ou seja, pode ter nota 5 no 3ºB, mas precisa ter nota 10 no 4ºB. Como só são considerados números naturais estas são todas as possibilidades.

**Loja de brinquedos**

Em uma loja de brinquedos há a seguinte liquidação:

| Miniaturas de carrinhos |
|---|
| Leve 3 e pague 2 |

Aproveitando a liquidação, João levou 15 carrinhos e Antônio 18 carrinhos. Quantos carrinhos cada um pagou?

Veja a solução de dois alunos que selecionamos de uma sala de aula

Aluno A

> Reescrevendo o texto do aluno mantendo sua escrita inicial
> 15 dividido por 3 igual a 5, 5 vezes 2 igual a 10.
> 18 dividido por 3 igual a 6, 6 vezes 2 igual a 12.
> *João pagou 10 carrinhos e Antônio pagou 12 carrinhos*

Aluno B

M(15) 1, ③, 5, 15
M(18) 1, 2, ③, 6, 9, 18

Resposta: Cada um pagou R$3,00

> Reescrevendo o texto do aluno mantendo sua escrita inicial
> *Cada um pagou R$3,00*

Comentário para o professor

Observe que o aluno A entendeu a pergunta do problema e calculou a proporção de cada um na compra, e registrou quantos carrinhos cada um deveria pagar.

Já o aluno B fez o máximo divisor comum e considerou que este deveria ser o preço, mas o problema não pedia o preço, mas a proporção a partir da liquidação.

**Como fazer café**

Em um pacote de café havia as seguintes informações:

Modo de preparar café para10 xícaras pequenas: coloque 1 litro de água quente em uma vasilha e acrescente quatro colheres não cheia de sopa de café em pó.

a. Com 2 litros de água, quantas xícaras pequenas de café conseguirá preparar? Explique como você encontrou a resposta.

b. Com 2 colheres de pó de café quantas xicaras é possível obter? Que quantidade de água deve usar?

c. E para preparar 20 xícaras pequenas, que quantidade de água e café deve usar?

**Comentário para o professor**

Sugerimos que o professor faça uma tabela da situação e mostre a proporcionalidade pela tabela.

Por exemplo:

| Xícaras (pequena) | Água (litro) | Pó de café (colher de sopa) |
|---|---|---|
| 10 | 1 | 4 |
| ? | 2 | ? |
| ? | ? | 2 |
| 20 | ? | ? |

**Comentário para o professor**

Nesta situação problema o professor vai explorar as relações de proporcionalidade entre três variáveis: 10 xícaras -1 litro de água – 4 colheres, então para o dobro de água – dobro de xicaras dobro de colheres de pó, para metade de colheres de pó – metade de água – metade de xícaras.

**Preço do bolo**

Numa loja de bolos, o responsável resolveu fazer a tabela do preço do bolo para facilitar o atendimento e colocou o seguinte cartaz:

| Peso (g) | Preço (R$) |
|---|---|
| 100 | 8,00 |
| 200 | 16,00 |
| 250 | 20,00 |
| 300 | 24,00 |
| 500 | 40,00 |
| 750 | 64,00 |
| 800 | 70,00 |
| 1000 | 80,00 |

Um freguês, ao ver o cartaz, disse que havia um erro no preço de suas pesagens. O responsável discordou. Quem está com a razão?

Veja a solução de dois alunos que selecionamos de uma sala de aula

<table>
<tr>
<td>ALUNO A</td>
<td>2. Numa loja de doces, um funcionário resolveu fazer a tabela do preço de um bolo para facilitar o atendimento e colocou o seguinte cartaz:<br><br>BOLOS<br><br>Um freguês, ao ver o cartaz, disse que havia um erro no preço de suas pesagens. O funcionário discordou que o freguês era louco. Quem está com a razão? Por quê?<br><br>Se o cartaz estiver errado, escreva qual deveria ser o preço para aquelas pesagens do bolo.</td>
</tr>
<tr>
<td>ALUNO B</td>
<td>2. Numa loja de doces, um funcionário resolveu fazer a tabela do preço de um bolo para facilitar o atendimento e colocou o seguinte cartaz:<br><br>BOLOS<br><br>Um freguês, ao ver o cartaz, disse que havia um erro no preço de suas pesagens. O funcionário discordou que o freguês era louco. Quem está com a razão? Por quê?<br><br>Se o cartaz estiver errado, escreva qual deveria ser o preço para aquelas pesagens do bolo.</td>
</tr>
</table>

**Comentário para o professor**

O aluno A não percebe a proporcionalidade: 100 gramas correspondem a 8 reais, então 50 gramas correspondem a 4 reais, e partir deste equívoco refaz a tabela de preços justificando o erro do funcionário.

O aluno B compreende a proporção e usa corretamente a noção de equivalência, concordando com o funcionário.

**Habilidade a ser desenvolvida** [71]: Resolver problemas envolvendo a partilha de uma quantidade em duas partes desiguais, tais como dividir uma quantidade em duas partes, de modo que uma seja o dobro da outra, com compreensão da ideia de razão entre as partes e delas com o todo.

Atividade: Resolver problemas envolvendo a partilha de uma quantidade em duas partes desiguais, com compreensão da ideia de razão entre as partes e delas com o todo.
Material: relação de problemas a seguir e outros do livro didático

**Orientação**

O professor apresenta os problemas um de cada vez, pede para um ou mais alunos colocarem sua solução no quadro e discute as estratégias para determinar as partes desiguais e a relação entre elas.

**O tapete da sala**

O tapete da sala da Maria é quadrado e tem 360 cm de perímetro. O tapete tem um padrão bem original é composto por dois retângulos iguais e dois quadrados com fios trançados de diferentes tamanhos, veja a figura. O comprimento de cada retângulo é o dobro de sua largura. Quanto mede o lado do quadrado trançado maior? E o lado do quadrado menor? Qual é a razão entre o perímetro do quadrado trançado pequeno e o do tapete?

71 BNCC – Base Nacional Comum Curricular, 2017 (EF05MA13)

**Vídeo game**

Dois amigos João e Pedro, querem comprar um jogo de vídeo game. Na loja TUDOBARATO eles encontraram o jogo por 159,00 reais. João viu que só poderia contribuir com uma parte e Pedro viu que tinha condições de pagar duas partes e ainda sobrava 25,00 reais.

Quanto cada um pagou? Quanto dinheiro tinha Pedro?

Veja a solução da aluna A do 5ºano

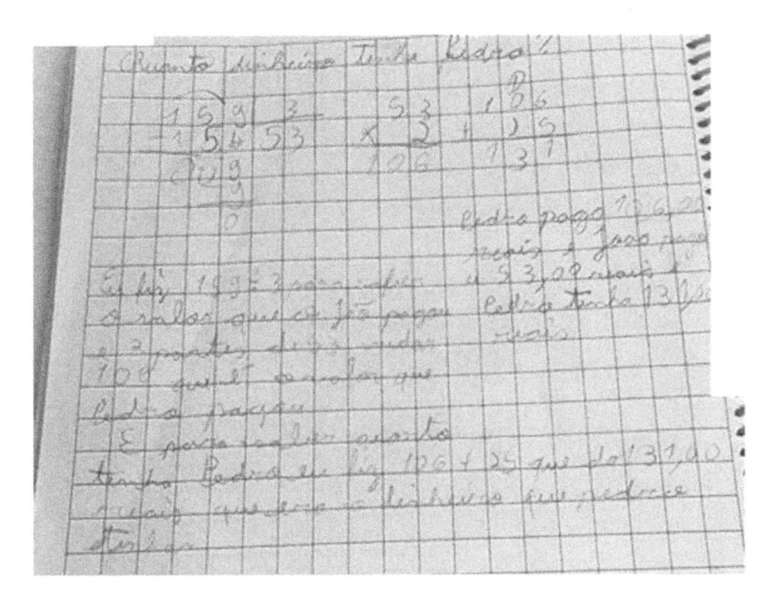

Reescrevendo o texto do aluno, mantendo sua escrita original.

*"Eu fiz 159 : 3 para saber o valor que o João pagou e 2 partes de 53 aí dar 106 que é o valor que Pedro pagou. E para saber quanto tinha Pedro fiz 106+25 que dá 131 reais que era o dinheiro que Pedro tinha.*

*Pedro pagou 106,00 reais e João pagou 53,00 reais e Pedro tinha 131,00 reais"*

*Comentário da professora Simone*

*Na situação problema do videogame, a aluna dividiu o valor do total do videogame por 3, para ter partes iguais. Descobriu que cada parte valia 53 reais, como*

*João pagou 1 parte então ele contribuiu com 53 reais e Pedro contribuiu com 106 reais. Para definir o valor que Pedro a tinha juntou 106 que ele pagou mais o valor que restou de 25 reais, chegando ao resultado do Pedro, e definiu que ele tinha 131 reais.*

**A caixa de Suco** [72]

Segundo a organização britânica "*Action on Sugar*", que analisou mais de 200 marcas da bebida, um copo de suco de caixinha tem mais açúcar que um copo de refrigerante. Verificou que o copo de suco tem 10,6 g para cada 100 ml. Alice tomou 2 copos de 250 ml de suco e Maria 3 copos de 200ml. Quanto de açúcar cada uma consumiu? Se a caixa de suco tem 1 litro meio qual a fração de suco da caixa que cada uma tomou?

**Higienização**

Diante da Pandemia que assola a população de uma cidade em 2020 os responsáveis pela a Secretaria da Saúde recomenda que a população siga algumas medidas de proteção. Uma das medidas é a higienização da superfície de mesas, cadeiras, bancadas, maçanetas, chaves e até embalagens de produtos trazidos do supermercado ou recebidos de serviços delivery. A proposta é a utilização de uma solução de 25 ml de água sanitária (aproximadamente 2 colheres de sopa) em 1 litro de água sanitária e usem um borrifador ou espalhem nos locais com um pano.

A Luiza resolveu seguir a orientação, mas ela tem só tem garrafas de 1litro e meio. Quanto ele deve colocar de água sanitária? Como ela poderá fazer a medida?

72 https://oglobo.globo.com/sociedade/saude/sucos-de-caixinha-podem-ter-mais-acucar-do-que-refrigerantes-alerta-grupo-britanico-14528694

**Comentário para o professor**

No problema do tapete é importante o professor retomar a noção de perímetro de uma figura plana. E, no caso do quadrado, lembrando que tem quatro lados iguais, então se o perímetro é 360 cm o lado é 90 cm. Em seguida pelos dados do problema, o lado do tapete é 2L +L = 3L que é 90 então o lado do quadrado trançado menor é igual a 30. No quadrado trançado maior o lado é 90-L = 60. A razão entre os perímetros: perímetro do pequeno 120, perímetro do tapete 360 logo a razão é 120/360 = 1/3.

Problema do videogame: João contribuiu com uma parte e Pedro com duas partes assim: 1 P + 2 P = 3 P, então 159,00 dividido por 3 resulta 53,00. João contribuiu com 53 reais e Pedro com 106 reais. Pedro tinha 106 + 25 = 131 reais.

Problema do suco Alice tomou no suco 53,0 g de açúcar e Maria 63,6 g. Já Alice tomou 1/3 do suco e Maria 2/5.

Problema da higienização o aluno deve perceber a razão; 2 colheres para um litro, então terá uma colher para meio litro e para 1 ½ l precisará de 3 colheres.

**Atividade de investigação proposta pela professora Maria José[73].**

A professora tinha em sua casa uma miniatura do carro CAMARO com escala de $\frac{1}{24}$, levou para a sala de aula e pediu para os alunos escreverem como seria a escala na lousa, em seguida fizerem as medidas do comprimento, da largura e da altura da miniatura e registrando em uma folha. Com os dados calcularam aproximadamente o tamanho real do carro. Foto do CAMARO

73 Professora Maria José da Silva Medeiros, uma escola pública de São Paulo.

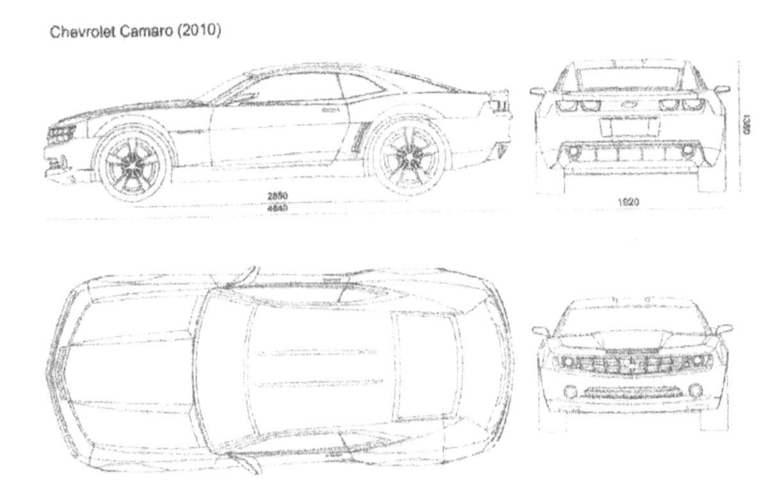


Veja a seguir o trabalho de um aluno, começa com o registro na lousa

escala 1/24

régua

1cm → 24 cm
2cm → 48cm
3cm → 72cm
4cm → 96cm
5cm → 120 m
... 20cm → 4.80 m

carrinho 20cm

carro real

24 cm 4.80 m → comprimento do Camaro
x 20 ano 2.010
4.80 m Está mais próximo de 5 m

Frente do Camaro : 1 metro e 92 centímetros

1 cm

24 cm

24 + 24 + 24 + 24 + 24 + 24 + 24 + 24

1 cm = 24 cm

24
x 8
1,92

Altura : 5.5 cm → carro em escala
1 cm → 24 cm real

5.5 x 24 = 1.320 m altura

A professora organizou os cálculos em uma tabela

| Miniatura | Medidas calculadas | Medidas reais |
|---|---|---|
| Largura – 8 cm | 1,92 m | 1,920 m |
| Comprimento – 20 cm | 4,80 m | 4,840 m |
| Altura – 5,5 cm | 1,32 m | 1,320 m |

Para comprovar os cálculos, a professora propôs que os alunos medissem um carro real, um opala, que estava no pátio da escola. Os alunos, munidos de uma fita métrica, fizeram as medições e registraram em seus cadernos.

Veja as fotos da atividade de medição

Veja a foto do opala com as medidas

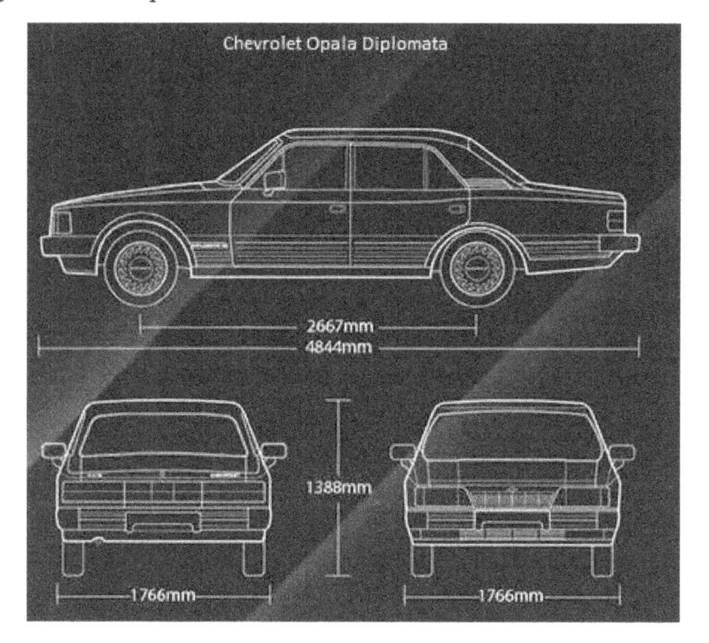


Com as medidas reais e as medidas da foto do opala, os alunos puderam comprovar os valores, usando a mesma escala do CAMARO: 1/24

*Comentário da professora*

*Todos alunos se envolveram e aprenderam, foi uma atividade que houve participação no real. Os alunos tinham dificuldades em compreender corretamente a unidade de medida e como usá-la. A atividade foi oportuna e possibilitou melhor conhecimento sobre diferentes unidades de medidas e as relações entre elas.*

# CAPÍTULO 5

A partir do sexto ano o professor polivalente dá lugar ao professor especialista. Este com formação inicial em matemática tem em seu currículo disciplinas voltadas para os conceitos de Álgebra, mas pouca prática pedagógica sobre o ensino e aprendizagem de Álgebra. Assim neste texto torna-se necessário reforçar que um ensino de álgebra que não seja significativo aos alunos e, até mesmo, aos professores, mostra-se incapaz de articular a aprendizagem e a atribuição de sentidos, ou seja, o conhecimento algébrico, que não é composto apenas pela sintaxe (isto é, pela forma como se representa, letras), mas também pela sua semântica (linguagem). A aula de Álgebra, na qual predominam a manipulação e a transformação algébrica, não trata do pensamento algébrico. Para o aluno, pode parecer que a álgebra e a aritmética sejam a mesma linguagem trocando se os números pelas letras, mas o que as distinguem são seus objetivos e cabe ao professor dar esta **explicação.** A aritmética trata de números, operações e de suas propriedades, visando a resolução de problemas ou situações que exigem uma resposta numérica, a incógnita. A álgebra procura expressar o que é genérico, aquilo que se pode afirmar para vários valores numéricos, estabelecer relação entre grandezas, onde o conceito de variável é natural, comunicar ideias gerais

O Currículo Paulista[74] apresenta a necessidade de atuar no desenvolvimento do pensamento algébrico, bem como na compreensão dos conceitos algébricos e na capacidade de usar suas representações em situações novas, reforça a importância do ensino da álgebra desde os anos iniciais, ampliando-se a cada ano, assim neste texto as habilidades são retomadas sempre com o objetivo de ampliação.

## SEXTO ANO DO ENSINO FUNDAMENTAL

Objetos do conhecimento: conceitos e procedimentos esperados para o 6º ano no currículo paulista:

- Propriedades da igualdade

74 Currículo Paulista (SEESP, 2019, p. 311).

- Problemas que tratam da partição de um todo em duas partes desiguais, envolvendo razões entre as partes e entre uma das partes e o todo.

Em nossa proposta:

- Regularidades em sequências generalizando a aritmética
- Sequências geométricas e numéricas recursivas.
- Linguagem simbólica na generalização de resultados.

**Habilidade a ser desenvolvida** – Reconhecer o padrão de sequências recursivas e descrever este padrão por meio da linguagem matemática utilizando a generalização.

Esta habilidade de reconhecer um padrão ou regularidade no currículo paulista é proposto para os primeiros anos e só é retomado nos anos finais, em nossa proposta consideramos que o conhecimento em espiral torna necessário a retomada de noções nos diferentes anos escolares aumentando o nível de dificuldade. Esta visão é corroborada nas avalições institucionais como: Canguru, SARESP e mesmo OBMEP, entre outras. Então propomos as atividades a seguir cujo nível de dificuldade é a generalização utilizando a linguagem simbólica

Atividade 1 [75]. Reconhecer o padrão e identificar termos ausentes.
Material: folha impressa com o diagrama a seguir.

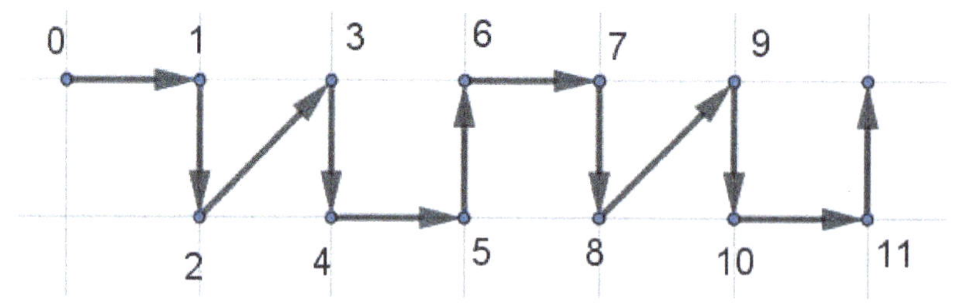


**Orientação**

O professor conversa com os alunos e pede que identifiquem o padrão da sequência e coloca o desafio: Qual a sucessão de flechas que liga o número 1997 ao número 2000?

75 OBMEP 2010, questão 86.

Após a discussão das hipóteses dos alunos apresenta os itens abaixo e verifica qual responde o desafio.

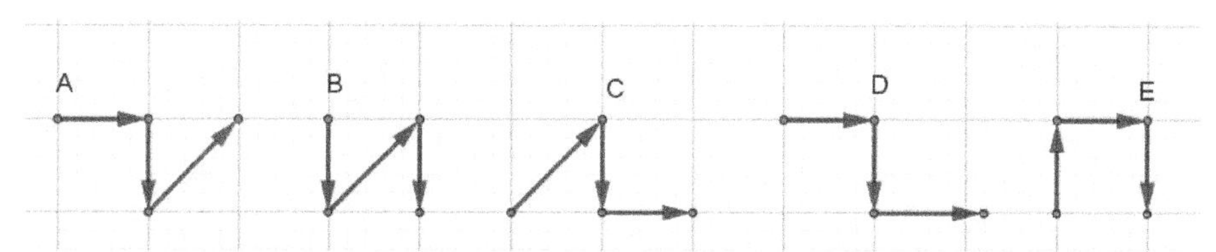


**Comentário para o professor**

O padrão é 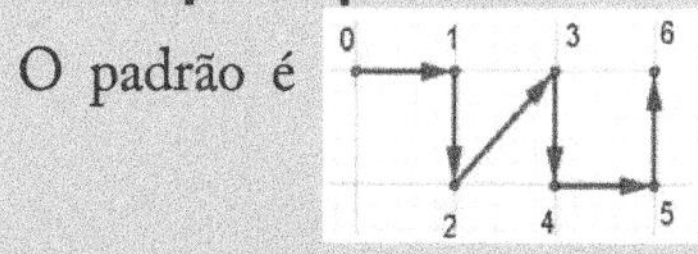

formado por seis flechas então a regularidade nessa sequência são os múltiplos de seis: 0,6,12, etc. Qual a posição de 1997 em relação ao múltiplo de seis mais próximo? Dividindo 1997 por seis 1997= 6x332 + 5 observe que 1998 é o múltiplo de seis mais próximo ocupando a primeira posição no caminho padrão:

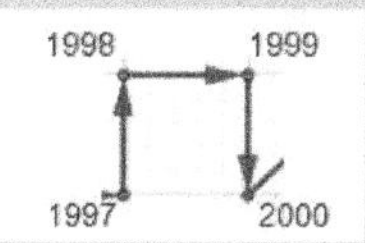


Podemos usar também as regras de divisibilidade. Como o padrão da sequência são os múltiplos de seis, logo precisa-se descobrir qual o número entre 1997 a 2000 que é divisível por seis. Para ser divisível por 6 o número precisa ser divisível por 2 e 3 ao mesmo tempo. Para ser divisível por 2 o número precisa ser par, assim já pode descartar o 1997 e 1999. Para ser divisível por 3, precisa somar os algarismos do número e o resultado tem que ser múltiplo de 3, por exemplo 1998 seria 1 + 9 + 9 + 8 = 27 e 27 é múltiplo de 3 logo 1998 é divisível por 2 e por 3, então também é divisível por 6. Assim podemos afirmar que 1998 é múltiplo de 6.

Atividade 2[76]. Reconhecer regularidades para fazer cálculos e generalizar resultados, utilizando a linguagem simbólica.

76 Currículo Paulista (SEESP, 2019).

Material: as sequências de mosaicos impressas em folha de papel.

**Orientação**

O professor distribui as folhas para os alunos e pede para que em duplas observem as sequências de mosaicos montadas com ladrilhos claros nas bordas tracejado no interior e responda as questões.

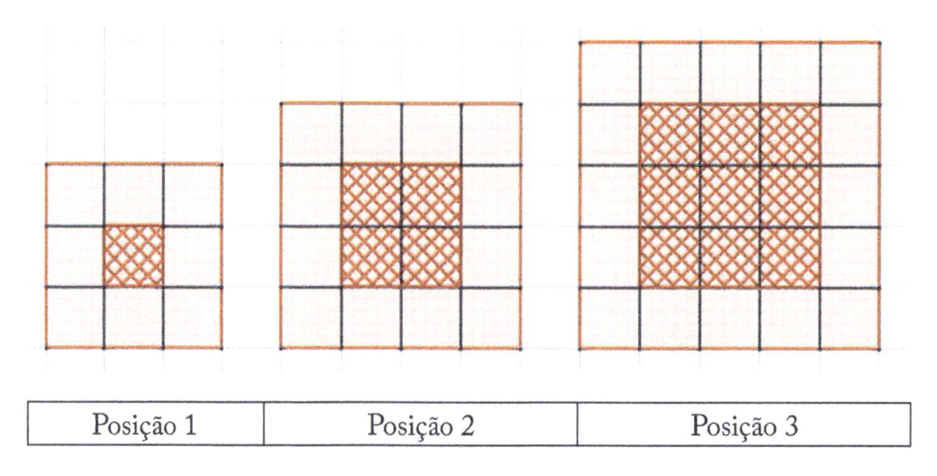


a. Escreva a sequência de azulejos tracejados e claros na tabela a seguir.

| Posição | 1 | 2 | 3 | 4 |
|---|---|---|---|---|
| Nº tracejados | | | | |
| Nº claros | | | | |

b. Qual a próxima figura da sequência? Desenhe na folha de papel.

c. Quantos ladrilhos tem a bordo da figura que você desenhou? Quantos azulejos tracejados?

d. Para fazer um mosaico de mesmo padrão, usando 81 ladrilhos, quantos destes ladrilhos deverão ser tracejados?

**Comentário para o professor**

A atividade retoma a noção de sequência e padrão, veja a tabela preenchida:

| Peças | 1ª | 2ª | 3ª | 4ª |
|---|---|---|---|---|
| Nº tracejados | 1 | 4 | 9 | 16 |
| Nº claros | 9 -1 | 16- 4 | 25 – 9 | 36 - 16 |

Com este padrão a 4ª figura tem 20 azulejos claros e 16 azulejos tracejados.

Para a sequência dos azulejos claros: 8, 12, 16, 20, 24,....

tenho a sequência de azulejos tracejados: $1^2, 2^2, 3^2, 4^2, 5^2$ ........

Então com 81 azulejos para fazer um mosaico de mesmo padrão preciso de 49 azulejos tracejados e 32 azulejos brancos.

Atividade 2. Reconhecer regularidades para fazer cálculos de produtos e potencias, generalizando resultados com a linguagem simbólica.

Material: a tabela com produto que tem um dos fatores, igual a 2 e potência de 2.

**Orientação**

O professor pede para que os alunos, em duplas, observem a tabela abaixo.

As colunas claras representam os produtos que tem o 2 como um dos fatores, ou seja, 2x1= 2; 2x2= 4; 2x3= 6 e assim por diante.

As colunas escuras representam as potências de 2, ou seja, $2 = 2^1$; $2x2 = 2^2$; $2x2x2 = 2^3$; e assim por diante. Cada quadradinho vale 2.

Em seguida respondam as questões.

a. Escreva o próximo termo da sequência dos produtos e o da sequência das potências.

b. Qual o termo geral de cada sequência?

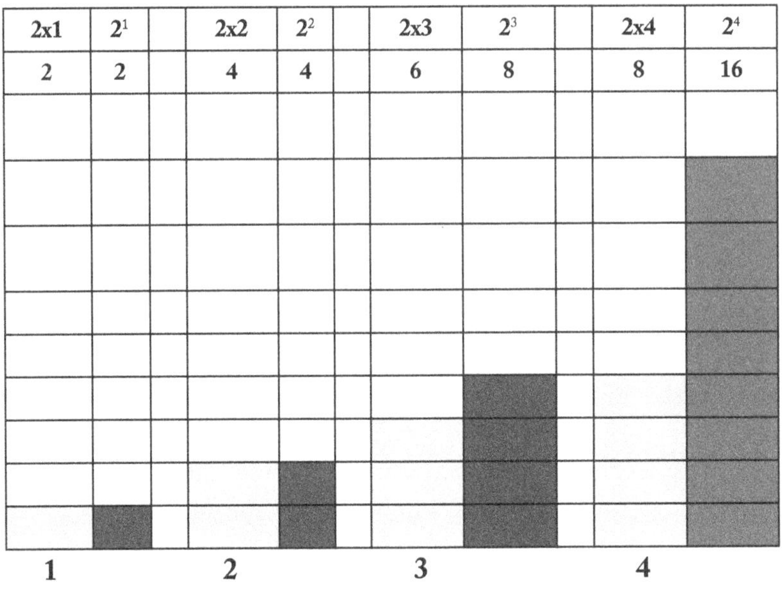

| 2x1 | $2^1$ | | 2x2 | $2^2$ | | 2x3 | $2^3$ | | 2x4 | $2^4$ |
|---|---|---|---|---|---|---|---|---|---|---|
| 2 | 2 | | 4 | 4 | | 6 | 8 | | 8 | 16 |

1 2 3 4

**Comentário para o professor**

O professor comenta que o valor da potência de base 2 aumenta mais rápido do que o valor do produto que tem um dos fatores, igual a 2, à medida que vamos aumentando igualmente o outro fator e o expoente.

O termo na posição 5 para o produto é 2x5 = 10 e para a potência é $2^5 = 32$

Generalizando o produto é 2xn e a potência $2^n$, onde n é o termo geral e pertence ao conjunto dos números naturais N.

Atividade 3. Reconhecer e utilizar as letras como a representação da generalização da Aritmética em sequências de pontos nos triângulos.
Material: os registros das sequências em folha de papel.

**Orientação**

O professor pede para que os alunos, em duplas, observem as sequências de pontos nos triângulos e faça o que se pede, registrando suas considerações na folha de papel.

a. Desenhe a próxima figura da sequência.

b. Escreva com palavras o padrão dessa sequência.

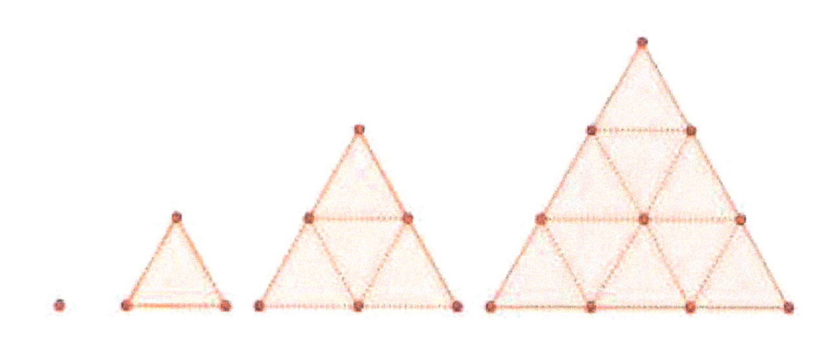

.................

| P1 | P2 | P3 | P4 | ................ |
|---|---|---|---|---|

a. Utilizando a letra P para identificar a posição da figura, escreva em linguagem simbólica (fórmula) com essa letra para determinar o número de bolinhas de cada figura.

| $P_1$ | $P_2$ | $P_3$ | P4 | | $P_n$ |
|---|---|---|---|---|---|
| | | | | | |

b. Some duas posições de pontos consecutivos, o que você pode concluir?

**Comentário para o professor**

Espera se que após as atividades anteriores os alunos já consigam pensar formas de generalização e utilizar a linguagem simbólica, caso apresentem dificuldades é importante o professor fazer a escrita passo a passo. Observe que a proposta é sequência de pontos e não de triângulos, então:

$P_2 = P_1 + 2$, $P_3 = P_2 + 2$, $P_4 = P_3 + 2$, assim por diante. Generalizando $P_n = P_{n-1} + 2$.

O item d, pede a soma de duas posições consecutivas, ou seja, uma seguida da outra, teremos: $P_1 + P_2 = 4 = 2^2$; $P_2 + P_3 = 9 = 3^2$; obtemos quadrados, retomar o assunto no estudo das potências.

**Habilidade a ser desenvolvida**[77]: Reconhecer a relação de igualdade matemática na adição para determinar valores desconhecidos.

Atividade 1. Utilizar a igualdade na operação adição para completar o quadrado mágico com números fracionários.

Material: folha impressa com o quadrado 3 por 3 e frações, ou registro no quadro.

**Orientação**

O professor distribui a folha ou faz o registro do quadrado no quadro e pede para que os alunos em duplas completem as casas em branco com as frações, de modo que a soma de três frações de cada linha, coluna e diagonais seja sempre a mesma.

| | | $\frac{3}{5}$ |
|---|---|---|
| | $\frac{1}{2}$ | |
| $\frac{2}{5}$ | $\frac{1}{2}$ | |

77 BNCC – Base Nacional Comum Curricular, 2017 (EF06MA14)

Com as soluções dos alunos comenta que este quadrado pode ser comparado com o quadrado mágico, que tem registros de uso em épocas muito antigas na China e na Índia. Pode propor os quadrados mágicos que são apresentados no 4º ano desse texto.

**Comentário para o professor**

Nesta atividade o propomos que o professor retome a noção de fração e a operação de adição de frações com denominadores diferentes. Caso precise de fundamentação sugerimos consultar o livro Prática de Ensino de Números, capítulo 7[78]. Apresentamos a solução ao lado. A soma é $\frac{3}{2}$

| | | |
|---|---|---|
| $\frac{2}{5}$ | $\frac{1}{2}$ | $\frac{3}{5}$ |
| $\frac{7}{10}$ | $\frac{1}{2}$ | $\frac{3}{10}$ |
| $\frac{2}{5}$ | $\frac{1}{2}$ | $\frac{3}{5}$ |

Atividade 2. Situações problemas envolvendo relações de equivalência, propriedades da igualdade e razões.
Material: situações problema criadas pelos professores e outras selecionadas de avaliações institucionais como PISA, OBMEP, CANGURU e adaptadas.

**Orientação**

O professor propõe separadamente cada problema para os alunos organizados em duplas, espera que eles resolvam e discuti os diferentes raciocínios, colocando-os no quadro.

**Remédio**

Rita, ao ministrar remédio para a seu filho, seguiu a indicação da bula, 10 gotas para cada 4 quilogramas de peso (massa), de 8 em 8 horas. Sabendo que ela deu 30 gotas a cada 8 horas, qual o peso de seu filho?

78 ITACARAMBI, R. R. *Caderno de Prática de Ensino*: Números. São Paulo, 2019. Projeto gráfico Casa das Teses e E-book publicação AMAZON.

### Concurso

Antônio está estudando para prestar um concurso público. Ele realiza muitos simulados com questões referente ao concurso. O último simulado que realizou tinha 96 questões e em 3 horas ele conseguiu responder 72 questões. Em quanto tempo ele terminou de responder todas as questões?

### Jogo de basquete

No jogo de basquete, quando a cesta é feita pode valer 1 ponto, 2 pontos ou 3 pontos depende do arremesso.

Numa partida entre o time A e o time B, o primeiro intervalo terminou empatado como mostra a tabela.

| Time A | Time B |
|---|---|
| 3 x 4 + 2 x 3 + 1 x 5 | 3 x 3 + 2 x 5 + 1 x 4 |

a) Escreva uma igualdade com as expressões referentes às pontuações.

b) Quantos pontos cada equipe marcou no final do primeiro quarto.

### WhatsApp

Foi criado um grupo no WhatsApp chamado Resolução de Problemas para estimular a criatividade do aluno durante a quarentena. Estão participando do grupo 36 alunos. No primeiro dia ¾ dos alunos acertaram o problema proposto. Já no segundo dia metade dos alunos acertaram o problema proposto. Quantos alunos acertaram a primeira questão e a segunda questão? Qual a porcentagem de alunos que acertaram os problemas no primeiro e no segundo dia?

**Comentário para o professor**

No problema Remédio estamos explorando a noção intuitiva de proporção, se ministro 10 para cada 4 quilograma de peso a cada 8 horas, então se administrei 30 gotas, tenho 3 vezes 4, ou seja, o filho pesa 12 quilos.

O problema WhatsApp tem o propósito de explorar a noção de razão entre quantidades e sua representação em porcentagem. Temos que no primeiro dia 27 alunos acertaram a primeira questão e no segundo dia 18 alunos acertaram. Em porcentagem, buscar a fração equivalente a ¾ cujo denominador é 100, ou seja. 75/100 ou 75 %; depois a fração equivalente a ½ cujo denominador é 100, ou seja, 50/100 ou 50 %. Neste momento não estamos usando a regra de três que será trabalhada no 7 º ano, mas a noção de equivalência de frações.

**Pandemia**

Uma cidade do interior tem cerca de1200 pessoas suspeitas de estarem contaminadas pelo vírus COVId 19. Se 6 em cada 100 forem confirmados, quantas pessoas precisarão ficar em quarentena? Se das pessoas em quarentena 2 em cada 10 precisarem de respiradores mecânicos quantos respiradores serão utilizados?

*Comentário da professora Rita*

*A professora sugere a orientação: Matemática também é informação. A COVID 19 foi declarada como uma PANDEMIA (PAN significa todos e DEMOS povo), logo é uma epidemia de doença infecciosa que se espalha pelo povo do mundo todo.*

*Para resolver o problema observe que 6 em cada 100 é a porcentagem ou razão de numerador 6 e denominador 100, 6/100 de 1200, ou seja, 72 pessoas. Dessas 2 em cada 10, poderíamos transformar em razão de base 100 multiplicando por 10 o numerador e o denominador ou 2/10 de 72, ou seja 14,4, mas com se trata de pessoas consideramos 15 pessoas precisarão de respiradores.*

**Outra versão da professora e a solução dos seus alunos**

Nesta versão a professora mantem as razões, mas diminui o número de pessoas, para 500 e com isso facilitar os cálculos dos alunos e identificar o entendimento deles da noção de razão.

Para responder a primeira pergunto o aluno precisa calcular número de pessoas, então 6% de 500 é 30 pessoas.

A segunda pergunta quantos respiradores, o aluno precisa calcular o número de respiradores para os que estão em quarentena, ou seja, 2 em cada 10, em 30 pessoas é 6.

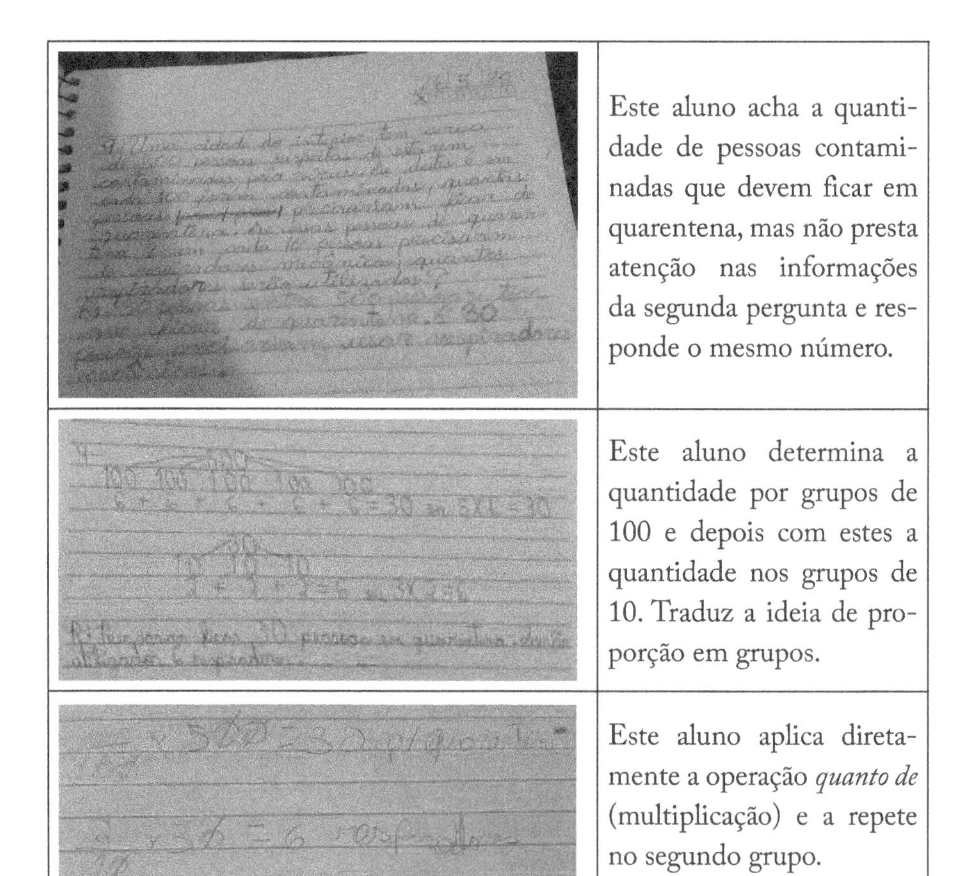

Este aluno acha a quantidade de pessoas contaminadas que devem ficar em quarentena, mas não presta atenção nas informações da segunda pergunta e responde o mesmo número.

Este aluno determina a quantidade por grupos de 100 e depois com estes a quantidade nos grupos de 10. Traduz a ideia de proporção em grupos.

Este aluno aplica diretamente a operação *quanto de* (multiplicação) e a repete no segundo grupo.

### Jogo do troca[79]

Ana e Júlia estão jogando o "jogo do troca". As regras desse jogo são as seguintes:seguintes: primeiro escolher uma brincadeira como "dois ou um" ou "par ou impar" e fichas coloridas para marcar os pontos.

- Cada vez que uma jogadora ganha no jogo escolhido, aqui elas escolheram, o "par ou impar", ganha uma ficha amarela.
- Três fichas amarelas devem ser trocadas por uma ficha vermelha.
- Três fichas vermelhas devem ser trocadas por uma azul.
- Três fichas azuis devem ser trocadas por uma verde.

Ganha o jogo quem conseguir a primeira ficha verde. Para que isso aconteça, a vencedora do "jogo do troca" precisa ter ganhado no "par ou impar" quantas vezes?

### Ciclismo[80]

Numa competição de ciclismo, Carlos dá uma volta completa na pista em 30 segundos, enquanto Paulo leva 35 segundos para completar uma volta. Quando Carlos completar a volta número 70, qual o número da volta que Paulo estará completando?

### Vasos[81]

Oito vasos iguais, encaixados, formam uma pilha de 36 cm de altura, como na figura. Dezesseis vasos iguais aos primeiros, também encaixados, formam outra pilha de 60cm de altura. Qual é a altura de cada vaso?

---

79 Problema aplicado e criado pela profa. Viviane Yuki Ohashi de Paula, foi apresentado no curso de Álgebra no CAEM (2019).

80 OBM – 1998 questão 4, adaptada.

81 OBMEP – 2011 questão 12.

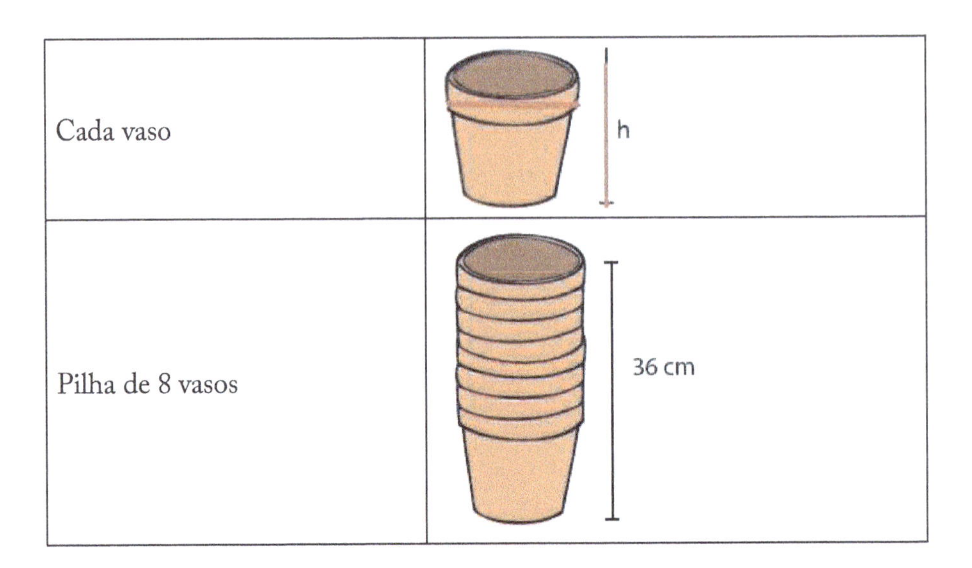


| | |
|---|---|
| Cada vaso | |
| Pilha de 8 vasos | |

**Comentário para o professor**

No **jogo de troca** o aluno revê a noção de base da contagem e a operação de potenciação de forma lúdica. A nossa base é decimal já a do computador é dois. Assim no jogo a base é 3, cada 3 amarelas é trocada por 1 vermelha, 3 vermelhas equivalem a 9 amarelas, 3 azuis equivalem a 27 amarelas e 1 verde. Para ganhar o jogo precisa ter um verde, ou seja, 27 amarelas.

No problema do **ciclismo** apresentamos a solução de um aluno via WhatsApp e outro compartilhamento de tela, pois estão em ensino remoto.

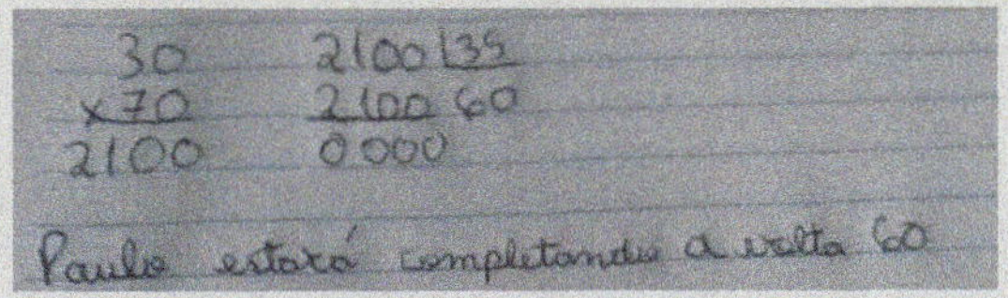

Este outro compartilhou a tela do Jamboard

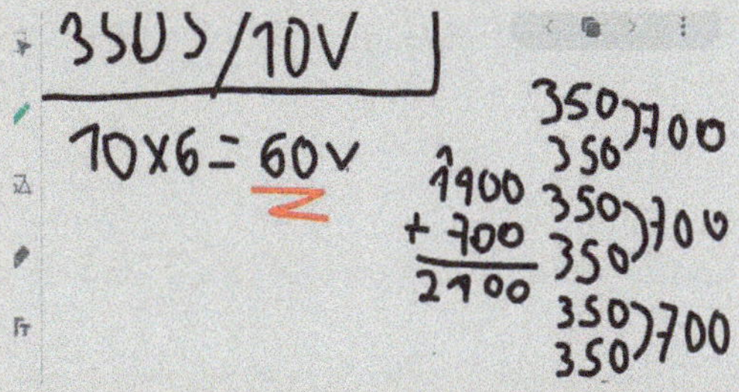

O primeiro calculou quantos segundos o primeiro ciclista levou para fazer as 70 voltas depois dividiu o tempo por 35 para achar a volta do segundo ciclista. O segundo aluno calculou quantos segundo são necessários para dar 10 voltas, por adições sucessivas comparando com o tempo gasto pelo primeiro ciclista chegou a 60 voltas.

Os **vasos**, sugerimos que o aluno faça uma tabela, para comparar as medidas dadas. Veja a seguir

| Vasos | Altura/cm |
|---|---|
| 8 | 36 |
| 16 | 60 |

Com a tabela observa que a altura não dobrou quando a quantidade de vasos dobra. Então vamos ver qual a altura do vaso sem a borda, como aparece na figura de um vaso. Com a borda a altura deveria ser o dobro 72 cm, como isso não aconteceu, temos que a altura dos vasos sem a borda é 72 – 60 = 12 cm. Agora para saber a medida de cada borda, subtraímos essa altura 36 – 12 = 24 cm e dividimos por 8, que é a quantidade de vasos, 24 : 8 = 3 cm, cada borda mede 3 cm, então a altura total de cada vaso é 12 cm + 3 cm = 15 cm.

Podemos fazer as relações: $h + 8b = 36$ e $h + 16b = 60$ resolvendo $b= 3$ e $h= 12$, onde b é a borda e h a altura do vaso sem a borda. A altura do vaso com a borda é 15 cm.

**Habilidade a ser desenvolvida**[82]: Resolver problemas que envolvam a partilha de uma quantidade em partes desiguais e sua representação em linguagem simbólica.

Atividade 1. Situações problema do cotidiano

Material: situações problema relacionadas com o cotidiano e outros selecionados de avaliações institucionais e adaptadas

### Orientação

O professor apresenta as situações problema, uma de cada vez, para os alunos resolverem em dupla.

### Figurinhas

João e seu irmão Mario ganharam 30 figurinhas dos times de futebol do brasileirão. João não lembra quantas figurinhas tinha, mas o Mário sabe que tinha menos 9 do que João e agora tem 48 figurinhas. Quantas figurinhas tinha cada um?

82 BNCC – Base Nacional Comum Curricular, 2017 (EF06MA15)

## Chocolate

José ganhou uma barra de chocolate, ele dividiu ao meio e guardou metade para comer no lanche, depois dividiu a outra metade ao meio de deu uma parte para seu amigo. Com quantas partes do chocolate José ficou?

## Robôs

Dois robôs são utilizados para limpar uma pista de skate de 180 metros, sabendo que sozinhos o primeiro leva uma hora e o segundo uma hora e meia para limpá-la. Quanto tempo os dois juntos levariam para limpar a pista?

## Poupança

Os funcionários de uma loja fizeram uma poupança conjunta para resgatar no final do ano (12 meses). Por mês Paulo paga 5 cotas, Ana 3 cotas, Pedro 1 cota, cada cota tem o valor de 100 reais. Quando chegou no final do ano na poupança havia 12960 reais.

a. Qual foi o rendimento do dinheiro no final do ano?

b. Todos vão receber a mesma quantidade de dinheiro? Por quê?

c. Se não, quem receberá mais? Quem receberá menos?

d. Faça a representação gráfica desta divisão.

**Comentário para o professor**

**Figurinhas**: os dois ganharam 30 figurinhas, João tinha uma quantidade Q e agora mais 30: J = Q + 30 e Mario tinha a mesma quantidade menos 9 e agora mais 30: M = Q – 9 + 30 ao todo tem: Q – 9 +30 = 48, fazendo os cálculos: Q = 27.

Assim J= 27 e M = 27 -9 =18

Nesse problema o aluno verifica que podemos somar ou subtrair uma mesma quantidade aos membros de uma igualdade.

**Robôs**: Propomos fazer uma tabela

| Robô | Hora=minutos | pista | metro por minuto |
|---|---|---|---|
| 1 | 1h =60 min | 180m | 180 : 60 = 3m |
| 2 | (1+1/2)h = 90 min | 180m | 180 : 90 = 2 m |

Os dois juntos: 3m +2m = 5m por minuto, então 180: 5 = 36 minutos

No problema o aluno precisa buscar a unidade comum: metro por minuto.

**Chocolate**

1/2 + (1/2 de 1/2) = 1/2 + (1/2 X 1/2) = 1/2 + 1/4

É necessário achar a fração equivalente ou na atividade pegar a metade do chocolate e dividi-lo ao meio= 2/4

2/4 + 1/4 = ¾

**Poupança**

Em 12 meses foram depositados 10800 reais, no final do ano tem 12960 então rendeu 12960- 10800 = 2160 reais. O total de cotas por mês:5+3+1= 9. Então Paulo deve receber $\frac{5}{9}$, Ana $\frac{3}{9}$ e Pedro $\frac{1}{9}$.

A representação gráfica das cotas

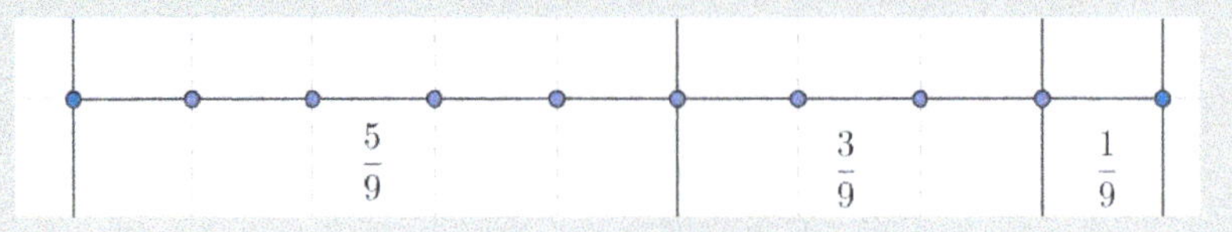

Atividade 2. Uso da linguagem simbólica, fórmulas, em situações problema do cotidiano

Material: situações problema encontradas no cotidiano.

**Orientação**

O professor apresenta a situação problema, o comprimento dos passos de uma pessoa. Os alunos podem estar organizados em grupos de três ou quatro.

**Passos[83]**

A figura mostra a pegada de um homem caminhando. O comprimento do passo P é a distância entre a parte posterior de duas pegadas consecutivas. Para homens, a fórmula, $\frac{n}{P}$ = 140, dá uma relação aproximada entre n e P onde, n = número de passos por minuto, e P = comprimento do passo em metros.

Se a fórmula se aplica ao andar de Heitor e ele anda 70 passos por minuto, qual é o comprimento do passo de Heitor?

Beto anda 80 passos por minuto. O comprimento de seu passo é de 56 cm. Joel anda 74 passos por minuto. O comprimento de seu passo é de 50 cm. A fórmula, 140 P= n é uma melhor aproximação para os passos do Beto ou para os passos de Joel?

O professor pede para os grupos que apresentaram soluções diferentes que as coloquem no quadro e discute com a classe o raciocínio de cada solução. Ele pode sugerir que os alunos verifiquem a fórmula para seus passos marcando os passos com giz conforme a figura.

83 http://download.inep.gov.br/download/internacional/pisa/Itens_Liberados_Matematica.pdf

**Comentário para o professor**

O objetivo é propiciar uma situação do cotidiano para o aluno compreender o uso de uma fórmula. No problema, mostrar que se $\frac{n}{P} = 140$, para n = 70 passos por minuto o tamanho do passo é $P = \frac{n}{140} = \frac{70}{140} = 0{,}5$ m ou 50 cm.

Repetir o mesmo processo para os passos de Beto e Joel e verificar qual está mais próximo na fórmula: $\frac{80}{140} = 0{,}57$m, ou 57 cm e $\frac{74}{140} =$ 0,53m ou 53cm, dos valores atribuídos 56cm e 50cm.

**Tamanho do tênis**

Calcular o número do sapato ou tenis e comparar com o número registrado no calçado e depois o número europeu.

Material: o tamanho do sapato ou tênis do aluno, régua e folha de papel.

**Explicando como calcular o tamanho do sapato**

Para calcular o número do sapato no Brasil, adotamos o sistema europeu, aumentando um número (ou ponto) a cada 0,66 centímetro. Por motivo de biotipos diferentes, usamos uma pequena variação. Como os pés brasileiros são mais largos, o padrão brasileiro coloca no calcanhar o -2 em vez do zero. Assim, um sapato de número 38 no Brasil equivale ao tamanho de um 40 na Europa.

A fórmula utilizada é:

$$s = \frac{5}{4}p + 7$$

Onde **p** corresponde ao tamanho do pé medido em cm e **S** é o número do sapato.

**Algumas informações sobre o sistema de numeração dos calçados.**[84]

No sistema usado na França, Itália, Alemanha e na maioria dos países da Europa continental, a unidade de medida é o ponto francês ou parisiense, que mede 2/3 de centímetro. O zero fica no calcanhar e daí até a ponta do dedão avança 1 ponto a cada 0,66 centímetro.

Já na Inglaterra e EUA hoje, o ponto baseia se em 1/3 de uma polegada, ou seja, 0,846 cm, e no Japão o ponto se baseia no centímetro o ponto é 1 cm.

**Orientação**

O professor organiza os alunos em duplas e distribui os materiais. Atenção alguns alunos poderão ter o tamanho do pé maior que a folha distribuída. Os alunos alternadamente colocam o pé descalço no papel e o companheiro da dupla marca o começo e o fim com o lápis, em seguida mede com a régua. Veja a ilustração

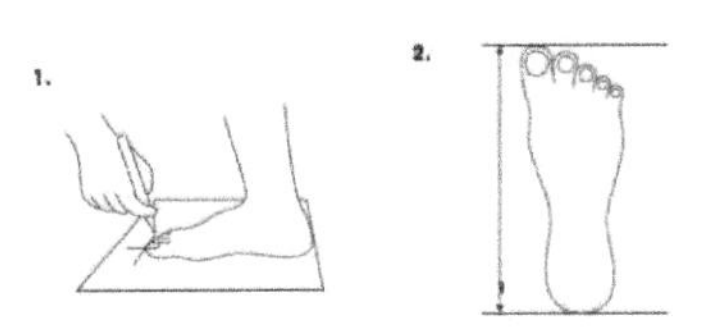


84 www.lume.ufrgs.br/bitstream/handle/10183/109986/000952012.pdf

Propõe calcular o tamanho do tênis com a fórmula e comparar com o número que está registrado na parte interna.

Em seguida com a medida do pé em cm e a tabela de medidas de tênis a seguir, verificar o tamanho de seu tênis no Brasil, Estados Unidos e Europa.

| FEM. | BRASIL | 33 | 34 | 35 | 36 | 37 | 38 | 39 | | | | |
|---|---|---|---|---|---|---|---|---|---|---|---|---|
| | US | 5 | 5,5 | 6,5 | 7 | 7,5 | 8,5 | 9 | | | | |
| | EURO | 35 | 36 | 37,5 | 38 | 39 | 40 | 40,5 | | | | |
| MASC. | BRASIL | 38 | 39 | 40 | 41 | 42 | 43 | 44 | 45 | 46 | 47 | 48 |
| | US | 7,5 | 8 | 9 | 9,5 | 10,5 | 11,5 | 12 | 12,5 | 13 | 14 | 15 |
| | EURO | 40,5 | 41,5 | 42,5 | 43,5 | 44,5 | 46 | 46,5 | 47 | 48 | 49 | 50,5 |

**Comentário para o professor**

O objetivo desse problema é mostrar a presença da linguagem simbólica, fórmulas, na vida do jovem, por exemplo no tênis. Discutir como as fórmulas são criadas modelando situações reais e que os resultados são aproximados.

O professor chama a atenção para os diferentes números que aparecem na parte interna do tênis, justificando com as informações que foram disponibilizadas no site citado. Existem outros sites sobre o tema se o professor achar necessário pode propor para os alunos consultarem. Sugerimos o site da Revista Superinteressante[85]

**Habilidade a ser desenvolvida**[86]: Reconhecer que uma igualdade matemática não se altera ao adicionar, subtrair, multiplicar ou dividir os seus dois membros por um mesmo número e utilizar essa noção para determinar valores desconhecidos na resolução de problemas.

Atividade 1. Situações problema escolhidas para atender a habilidade.

85 https://super.abril.com.br/mundo-estranho/como-surgiu-a-numeracao-dos-sapatos/

86 BNCC – Base Nacional Comum Curricular, 2017 (EF06MA12)

Material: Problemas, balança se possível e desafios.

**Orientação**

O professor propõe separadamente cada problema para os alunos organizados em duplas e espera as soluções e abre a discussão colocando no quadro os diferentes raciocínios.

**Bolas**

Os pesos das quatro bolas são 10, 20, 30 e 40. Qual bola pesa 30?[87]

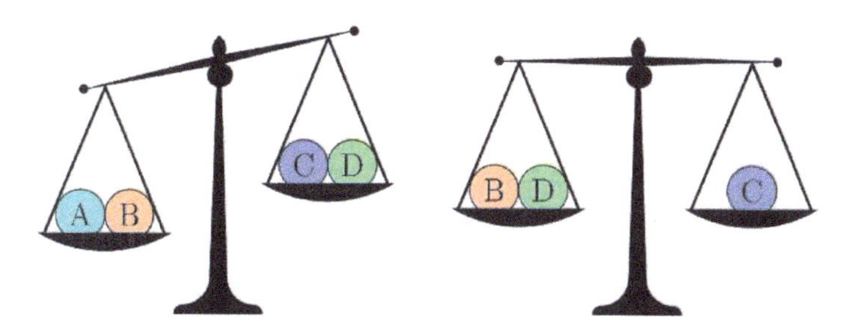


**Comentário para o professor**

Na atividade mostrar que é preciso relacionar as duas situações: Na pesagem à direita a bola C tem peso igual à soma dos pesos das bolas B e D. Então temos duas possibilidades: a bola C pesa 40 (30 + 10) ou a bola C pesa 30 (10 + 20). A bola C não pode pesar 40, pois na pesagem da esquerda a bola C mais a bola D pesam menos que as outras, já que D pesa 10 no mínimo e as duas juntas pesam no mínimo 40 + 10 = 50, o mesmo que as outras duas, A e B. Já que o peso de C não é 40, então é 30.

Apresentamos duas soluções de alunos de uma escola pública:

87 https://www.cangurudematematicabrasil.com.br/provas/2018/

**Aluno A**

*Na segunda balança nós temos que A+B=C, por lógica, para que isso seja possível C só poderia ser 30, por assim só já está resolvido, mas ainda é possível encontrar os outros valores. A primeira balança mostra que C+D vale menos que A+B, então o único valor possível para D é 10, caso contrário o valor entre as balanças seria igual ou C+D valeria mais*

*Sendo assim é possível fazer uma equação na segunda balança e achar o valor de B, B+10=30, logo B vale 20.* Sobrando 40 para o A. (Esta solução foi enviada por WhasApp)

**Aluno B**

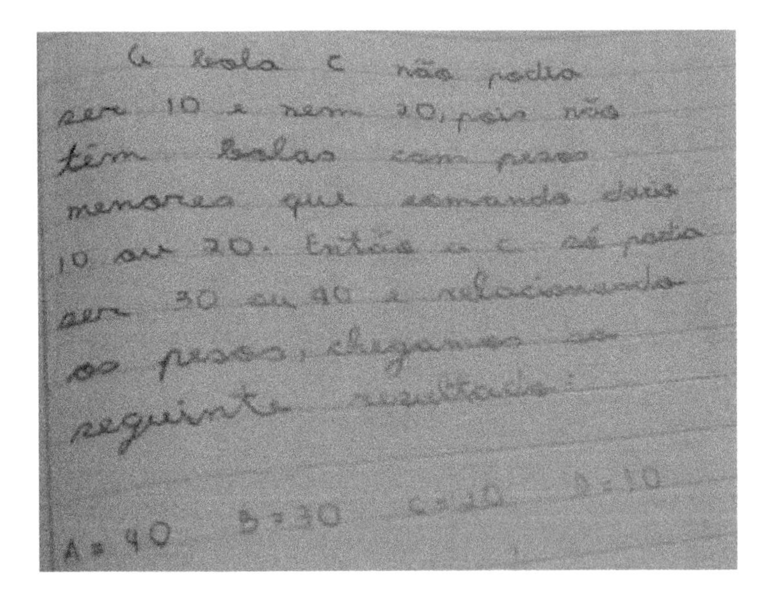
A bola C não podia ser 10 e nem 20, pois não têm bolas com pesos menores que somando daria 10 ou 20. Então a C só podia ser 30 ou 40 e relacionando os pesos, chegamos ao seguinte resultado:

A = 40 B = 30 C = 20 D = 10

**Desafio com balança**

Em um pacote com oito bolas de gude, apenas uma delas é mais leve que as outras. Descubra qual bola é mais leve. podendo utilizar a balança apenas duas vezes.

**Comentário para o professor**

No desafio sugerimos separar as bolas em dois grupos de 3 e sobra duas, pesar os dois grupos de 3 se for equivalente a leve deve estar entre as duas que sobraram. Se não forem equivalentes separa-se do prato mais leve as bolas uma em cada prato e outra fora, se equilibrar a mais leve é a que sobrou ou a do prato mais leve.

**Pontos do alvo[88]**

No alvo abaixo, uma certa pontuação é dada para a flecha que cai na região A e outra para a flecha que cai na região B. Alberto lançou 3 flechas: uma caiu em B e duas

em A e obteve 17 pontos. Carlos também lançou 3 flechas: uma caiu em A e duas em B e obteve 22 pontos. Quantos pontos são atribuídos para uma flecha que cai na região A e para a que cai na região B?

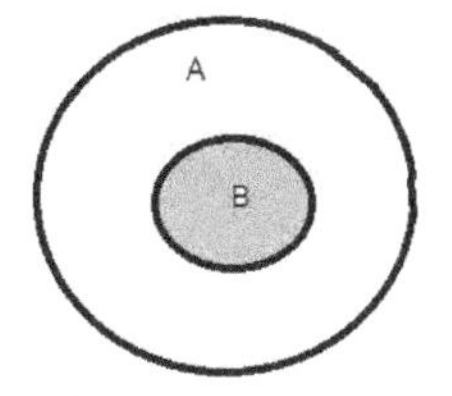


88 OBM-1997, questão adaptada: https://www.obm.org.br

**Comentário para o professor**

O problema trata da busca da equivalência entre duas equações, antes do aluno aprender resolver sistemas de equações, o que muitas vezes acontece de forma mecânica. Então Alberto; 1 B +2 A = 17 e Carlos 2B + 1 A = 22, veja que na primeira B deve ser ímpar e A par:

| B – ímpar | 17 -B = 2A | 2 A -par | 2 B + 1 A |
|---|---|---|---|
| 1 | 17 – 1 = 16 | 16 = 2x8 | 2 + 8 = 10 |
| 3 | 17– 3 =14 | 14 = 2X7 | 6 + 7 = 13 |
| 5 | 17 – 5 =12 | 12= 2x6 | 10 + 6 = 16 |
| 7 | 17 – 7 = 10 | 10 = 2x5 | 14 + 5 =17 |
| 9 | 17--9 = 8 | 8 = 2x4 | 18 + 4 = 22 |

Solução A = 4 e B = 9

Caso os alunos tenham estudado sistemas de equações, temos:

$$\begin{cases} 1B + 2A = 17 \\ 2B + 1A = 22 \end{cases}$$

Resolvendo o sistema A = 4 e B = 9

**Habilidade a ser desenvolvida**[89]: Resolver e elaborar problemas que envolvam a partilha de uma quantidade em duas partes desiguais, envolvendo relações aditivas e multiplicativas, bem como a razão entre as partes e entre uma das partes e o todo.

Material: Problemas adaptados da OBMEP, SARESP entre outras avaliações.

**Orientação**

O professor propõe separadamente cada problema para os alunos organizados em duplas e espera a solução e promove a discussão colocando no quadro os diferentes raciocínios. Os problemas são nomeados segundo seu tema principal para facilitar a correção.

89 BNCC – Base Nacional Comum Curricular, 2017 (EF06MA15)

### Troca de garrafas

A prefeitura de uma cidade fez uma campanha que permite trocar quatro garrafas de 1 litro vazias por uma garrafa de 1 litro cheia de leite. Quantos litros de leite pode obter uma pessoa que possua 43 garrafas vazias de 1 litro fazendo várias trocas?

### Páginas de um livro

Um livro tem 100 páginas numeradas de 1 a 100. Quantas folhas desse livro possuem o algarismo 5 em sua numeração? Cada folha tem duas páginas.

### Comentário para o professor

O problema das garrafas permite o aluno a estabelecer a razão entre número de garrafas vazia e a garrafa de leite, ou seja, 10 garrafas de leite e ainda restarem 3 vazias.

No problema das páginas de um livro é preciso ficar atento à noção de folha, uma folha corresponde a duas páginas. Assim se considerarmos só páginas teremos 18 páginas com o número cinco, mas o problema pede folhas então temos 13 folhas, pois de 50 a 59 são cinco folhas.

### Descubra o número

**a.** Pense um número de 1 a 9. Acrescente 2 unidades e multiplique o resultado por 3. Diminua o triplo do número pensado. O resultado é 6. Pense outro número e siga as mesmas instruções. Qual é o resultado? Explique.

**b.** O dobro de um número adicionado ao seu triplo, é igual ao próprio número adicionado a 168. Qual é o número? Escreva a expressão matemática que corresponde ao problema.

**c.** O número N tem três algarismos[90]. O produto dos algarismos de N é 126 e a soma dos dois últimos algarismos de N é 11. Qual é o algarismo das centenas de N.

90 OBM-1997, questão adaptada: https://www.obm.org.br

**Charada do aniversário**

Peça a seu amigo que escreva o número do mês em que ele nasceu. Peça que ele multiplique esse número por 5. Adicione 6. Multiplique por 4. Adicione 9. Multiplique por 5. Adicione o dia do mês em que ele nasceu. Pergunte-lhe o resultado.

Se você subtrair **165** do resultado que ele disser, encontrará nos últimos dois algarismos o dia do nascimento dele e, nos outros algarismos, o mês em que ele nasceu.

**Comentário para o professor**

Os problemas sobre descubra um número tem como objetivo apresentar a linguagem simbólica com recurso, para escrever a sentença matemática.

O item **a** escrito em sentença matemática $(n + 2) \times 3 - 3n = 6$

Onde n é o número pensado. Observe que qualquer que seja o número n pensado vai dar como resultado 6. Por que pela propriedade distributiva: $3n + 6 - 3n = 6$

O item **b**, número n, dobro 2n e triplo 3n, escrito em sentença matemática: $2n + 3n = n + 168$, então $n = 42$.

Aplicar a equivalência subtraindo n dos dois lados da sentença.

No item **c** temos $N = 126 = a \times b \times c$, onde a, b, c são os algarismos da centena, dezena e unidades, respectivamente. Ainda $b + c = 11$.

Vamos observar na tabela as somas e dividir 126 pelo resultado do produto.

| b+ c =11 | b x c | 126 / b x c = a |
|---|---|---|
| 9 + 2 | 9 x 2 =18 | 126 /18 = 7 |
| 8 + 3 | 8 x 3 = 24 | 126 /24= 5,25 |
| 7 + 4 | 7 x 4 = 28 | 126 /28 = 4,5 |

Soluções: b=9, c =2 e a = 7, pois a x b x c = 126   7 x 9 x 2 = 126, mas também,

a =7, b= 2 e c= 9 pois 7 x 2 x 9 = 126

O algarismo das centenas deve ser um número inteiro ou seja 7.

A charada do aniversário é uma situação lúdica para exercitar o uso da linguagem simbólica e generalizar. O aluno faz as operações pedidas com os seus dados: mês e dia e verifica que isso acontece com todos seus colegas. Por quê? O professor apresenta a sequência das operações:

- Mês que nasceu: m
- Multiplique por 5: 5m
- Adicione 6: 5m + 6
- Multiplique por 4: 20m+24
- Some 9: 20m + 33
- Multiplique por 5: 100m + 165
- Adicione o dia que nasceu: 100m + 165 + d
- Então você subtrai 165: 100m + d (como fica: m00+d)
- Se o dia tiver um dígito ficará m0d, e se tiver dois dígitos mdd

**Cinema**

Quatro amigos vão ao cinema duas vezes por mês e compram um pacote de pipoca para cada um. Se não comprassem a pipoca poderiam ir 3 vezes por mês. O pacote de pipoca custa 5,00 reais. Qual o preço do ingresso do cinema?[91]

**Jantar de Natal**

No jantar de Natal estavam 56 pessoas distribuídas por mesas de 4 e 6 lugares. Todos os lugares estavam ocupados. O número de mesas de 4 lugares era o dobro do número de mesas de 6 lugares. Quantas mesas de 6 lugares havia? E de 4 lugares?

91 http://mopm.mat.uc.pt/MOPM/Problemas/index.php?tipoMenu=provas4ano. Adaptação acesso 2020.

**Comentário para o professor**

Para resolver o problema Cinema, propomos a tabela.

| Amigos | Cinema | Gastos com pipoca |
|---|---|---|
| 4 | 1 vez | 4x5=20,00 |
| 4 | 2 vezes | 4x10 =40,00 |

Então com 40,00 reais é possível que os 4 possam ir mais uma vez ao cinema, assim cada bilhete custa 40 dividido por 4 (40/4 = 10), 10,00 reais.

No problema do jantar a tabela também ajuda o registro das relações de proporção.

| Nº mesas 4 lugares | Nº mesas 6 lugares | Total de lugares |
|---|---|---|
| 2 | 1 | 8+6= 14 |
| 4 | 2 | 16 + 12 = 28 |
| 8 | 4 | 32 + 24 = 56 |

Observe que começamos com 2 mesas de 4 lugares porque o problema coloca que elas são o dobro das mesas de 6 lugares.

O objetivo desses problemas é relacionar as operações de multiplicação e divisão fazendo conjecturas sobre as primeiras ideias de proporção, tendo como apoio a representação dos dados em tabelas.

**Distância no mapa**

a. Se no mapa de um certo país, 1 cm representa 150 km, quantos quilômetros representar 20 cm neste mapa?

b. Sabe se que a distância real, em linha reta, de uma cidade A, localizada em São Paulo, a uma cidade B, localizada em Alagoas, é igual a 2000 km. Um estudante, ao analisar um mapa verificou com sua régua que a distância entre essas duas cidades, A e B, era 8 cm. Qual a distância nesse mapa para a medida de 1 cm? Qual a escala desse mapa?

**Comentário para o professor**

Nos problemas sobre Distância no mapa estamos contextualizando a noção de razão. No primeiro: 1 cm corresponde a 150 km, então 20 cm deve corresponder 20 x 150 = 3000 km. No segundo 2000 km corresponde a 8 cm medido com a régua, então 1 cm é 2000km dividido por 8, que corresponde a 250 km.

O professor verifica se os alunos sabem o que é escala. Se necessário retoma a noção a partir de mapas e fazendo relação com Geografia. Lembrar que na escala as medidas então nas mesmas unidades 1: 25 000 000, ou seja transforma 250 km em cm.

**Beber água**

De acordo com a organização mundial da Saúde, o cálculo aproximado de quanto de água devemos beber todos os dias é realizado da seguinte forma: são 35 ml diários para cada quilo que temos. Vamos calcular a quantidade aproximada de água que uma pessoa de 60 kg deve ingerir em um dia[92]. Agora vamos calcular quanto você deve ingerir de água, o que você precisa saber para pode calcular?

Os alunos verificando seus pesos (massa corporal) na balança da escola, outros segundo a professora passaram na farmácia para se pesarem.

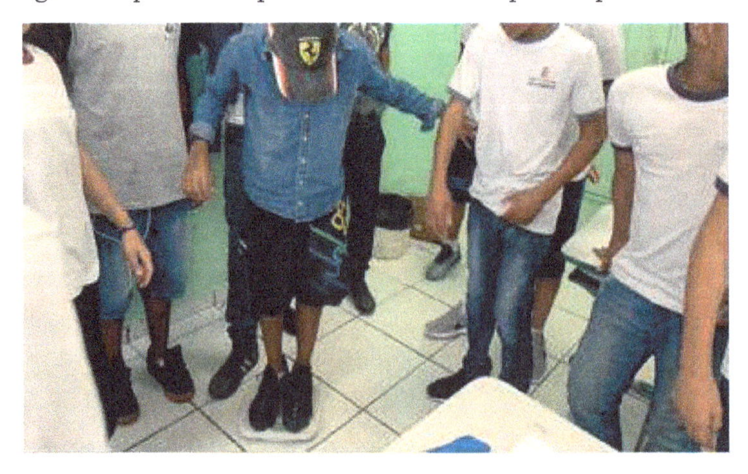

92 www.aguasantarita.com.br

Algumas soluções dos alunos a partir de seus valores em quilogramas.

| Kg | litros/água |
|---|---|
| 1 | 0,035 |
| 34 | x |

$\frac{1}{34} = \frac{0{,}035}{x}$ $x = 34 \cdot 0{,}035$

$x = 1{,}19\ l$

| Kg | litros água |
|---|---|
| 1 | 0,035 |
| 45 | x |

$\frac{1}{45} = \frac{0{,}035}{x} \Rightarrow x = 45 \cdot 0{,}035$

$x = 1{,}575$

*Comentário da professora*

*Eles gostaram da atividade de cálculo aproximado de litros de água que uma pessoa deve beber por dia. E, alertou que existem alguns fatores que influenciam e determinam a quantidade de água que devem beber por dia como atividade física, metabolismo, clima entre outros e que para saber mais consultar o site*[93]

**Atividade de investigação**

A atividade de investigação que propomos para o 6º ano tem como objetivo trazer o contexto do cotidiano para mostrar o significado da Álgebra, pois a maioria dos alunos tem a ideia de que estão aprendendo álgebra quando mudam números por letras, então trazemos outros símbolos as barras.

---

93 www.drauziovarellacom.br/alimentacao/quanta-agua-precisamos-beber-por-dia

**Código de barras[94]**

**Orientação**

Os códigos de barras encontrados nas embalagens de produtos permitem agilizar o processo de registro em estoques e, no momento da compra, nos caixas. Os códigos dos produtos brasileiros seguem o modelo europeu, com 13 dígitos. Veja a imagem:

Os três primeiros dígitos indicam o país, no caso 789 representa o Brasil.

Os cinco seguintes (12345) referem-se à empresa fabricante do produto,

Os outros quatro dígitos (6789), ao produto;

O último é o dígito verificador.

O cálculo do dígito verificador considera os 12 dígitos primeiros tem os seguintes procedimentos.

1. Adicione os seis dígitos que ocupam a posição impar e multiplique por 1.

   7+9+2+4+6+8 = 36 X1=3

2. Adicione os seis dígitos que ocupam a posição par e multiplique por 3.

   8+1+3+5+7+9= 33 X3= 99

3. Adicione os resultados de (1 e 2): 36 + 99 =135.

4. Adicione um número natural de 0 a 9 a essa soma (3) para que o resultado seja múltiplo de 10. Nesse caso: 135 + 5 = 140

Esse número adicionado será o dígito verificador, ou seja: 5

Com estas orientações dadas pelo professor sugerimos que peça aos alunos que tragam embalagens de produtos e verifiquem o procedimento apresentado. É importante que os alunos deixem registrado as embalagens utilizadas e seus cálculos e comentários.

Com os registros discutir a relação algébrica

94 http://www.rpm.org.br/cdrpm/65/9.html

A seguir a atividade na sala de aula dos alunos do 6º da Profa. Mariza de uma escola pública e fotos.

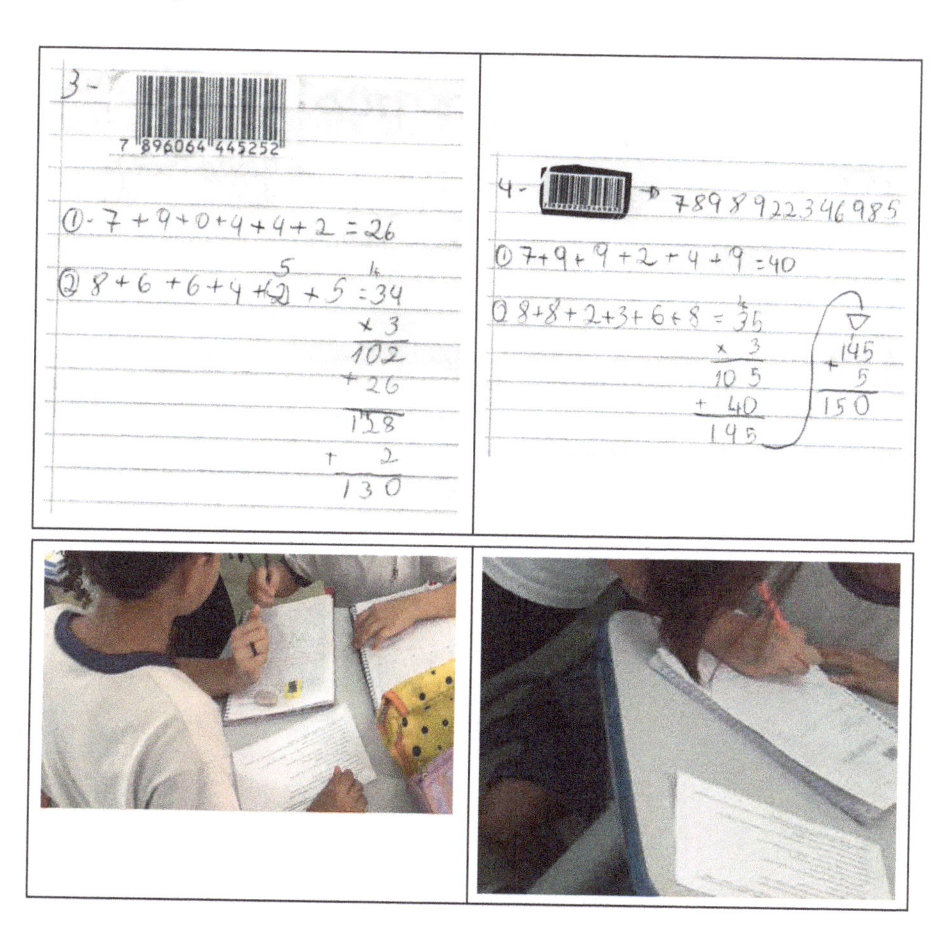

Impresso na Prime Graph
em papel offset 75 g/m$^2$
fonte utilizada adobe caslon pro
janeiro / 2024